영재학급, 

위한

창의사고력 초등 수학 팩토

Lv. 6

기본 A

이 책의 구성과 특징

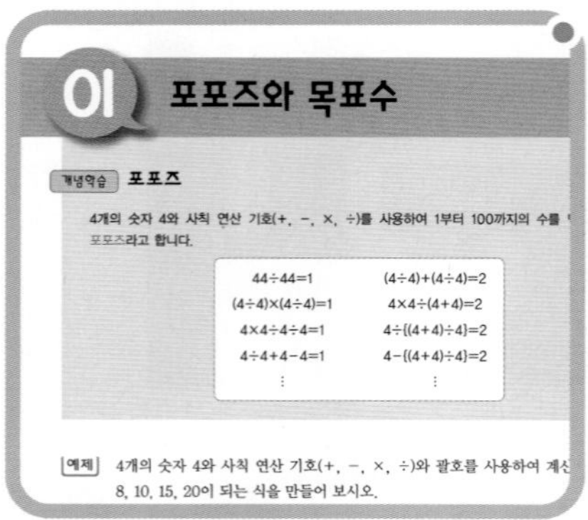

01 포포즈와 목표수

개념학습 포포즈

4개의 숫자 4와 사칙 연산 기호(+, −, ×, ÷)를 사용하여 1부터 100까지의 수를 …
포포즈라고 합니다.

44÷44=1	(4÷4)+(4÷4)=2
(4÷4)×(4÷4)=1	4×4÷(4+4)=2
4×4÷4÷4=1	4÷{(4+4)÷4}=2
4÷4+4−4=1	4−{(4+4)÷4}=2
⋮	⋮

예제 4개의 숫자 4와 사칙 연산 기호(+, −, ×, ÷)와 괄호를 사용하여 계산 …
8, 10, 15, 20이 되는 식을 만들어 보시오.

개념학습

'창의사고력 수학' 여기서부터 출발!!
다양한 예와 그림으로 알기 쉽게 설명해 주는 개념학습, 개념을 바탕으로 풀 수 있는 핵심 예제 가 소개됩니다.
생각의 방향을 잡아 주는 강의노트 를 따라가다 보면 어느새 원리가 머리에 쏙쏙!

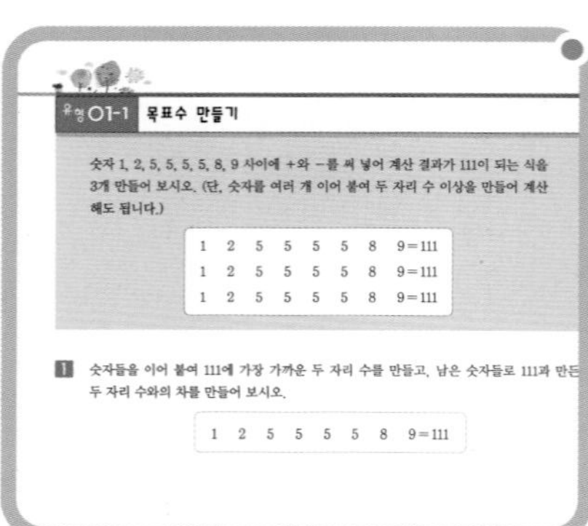

유형 01-1 목표수 만들기

숫자 1, 2, 5, 5, 5, 5, 8, 9 사이에 +와 −를 써 넣어 계산 결과가 111이 되는 식을 3개 만들어 보시오. (단, 숫자를 여러 개 이어 붙여 두 자리 수 이상을 만들어 계산해도 됩니다.)

1 2 5 5 5 5 8 9=111
1 2 5 5 5 5 8 9=111
1 2 5 5 5 5 8 9=111

1 숫자들을 이어 붙여 111에 가장 가까운 두 자리 수를 만들고, 남은 숫자들로 111과 만든 두 자리 수와의 차를 만들어 보시오.

1 2 5 5 5 5 8 9=111

유형탐구

창의사고력 주요 테마의 각 주제별 대표유형을 소개합니다.
한발 한발 차근차근 단계를 밟아가다 보면 문제해결의 실마리를 찾을 수 있습니다.

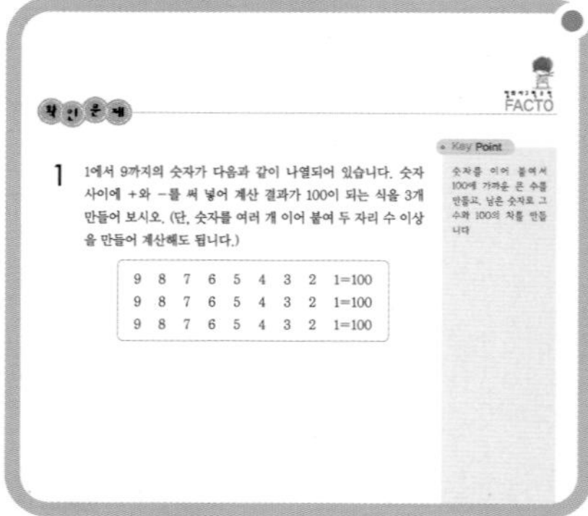

확인문제

FACTO

Key Point

1 1에서 9까지의 숫자가 다음과 같이 나열되어 있습니다. 숫자 사이에 +와 −를 써 넣어 계산 결과가 100이 되는 식을 3개 만들어 보시오. (단, 숫자를 여러 개 이어 붙여 두 자리 수 이상을 만들어 계산해도 됩니다.)

9 8 7 6 5 4 3 2 1=100
9 8 7 6 5 4 3 2 1=100
9 8 7 6 5 4 3 2 1=100

확인문제

개념학습과 유형탐구에서 익힌 원리를 적용하여 새로운 문제를 해결해가는 확인문제입니다.
핵심을 콕콕 집어 주는 친절한 Key Point를 이용하여 문제를 해결하고 나면 사고력이 어느새 성큼! 실력이 쑥!

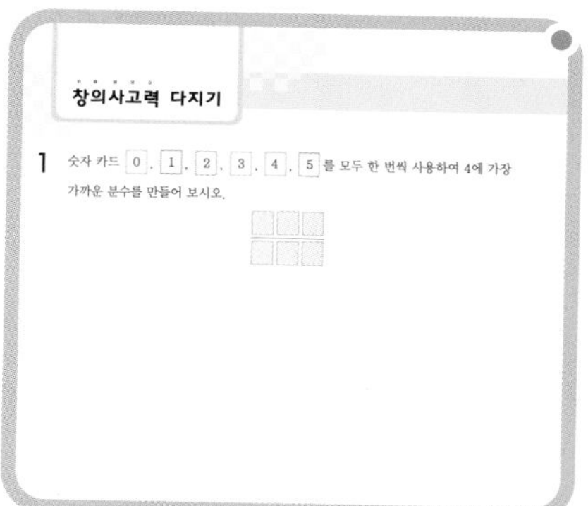

창의사고력 다지기

앞에서 익힌 탄탄한 기본 실력을 바탕으로
창의력 · 사고력을 마음껏 발휘해 보세요.
창의적인 생각이 논리적인 문제해결 능력으로
완성됩니다.

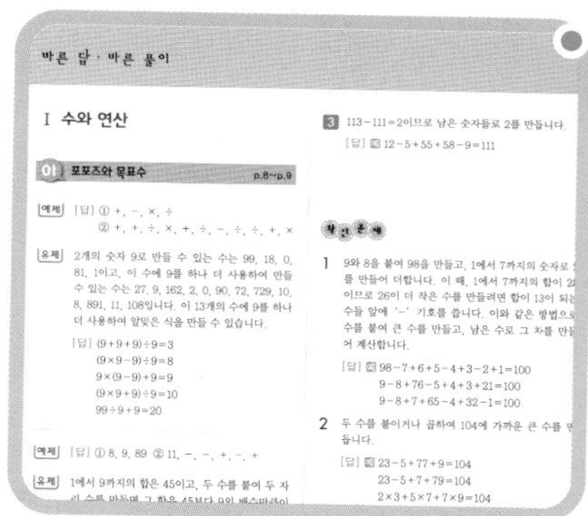

바른 답 · 바른 풀이

바른 답 · 바른 풀이와 함께
문제를 쉽게 접근할 수 있는 방법이 상세하게
제시되어 있습니다.

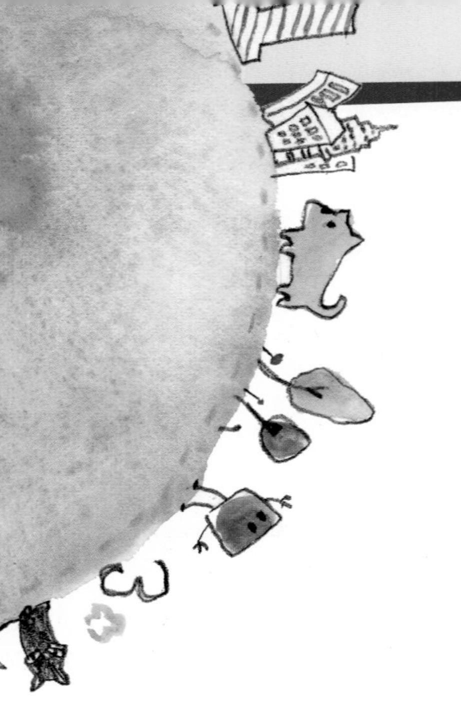

이 책의 차례

Ⅰ. 수와 연산

Ⅱ. 언어와 논리

머리말

서로 다른 펜토미노 조각 퍼즐을 맞추어 직사각형 모양을 만들어 본 경험이 있는지요?

한참을 고민하여 스스로 완성한 후 느끼는 행복은 꼭 말로 표현하지 않아도 알겠지요. 퍼즐 놀이를 했을 뿐인데, 여러분은 펜토미노 12조각을 어느 사이에 모두 외워버리게 된답니다. 또, 보도블럭을 보면서 조각 맞추기를 하고, 화장실 바닥과 벽면의 조각들을 보면서 멋진 퍼즐을 스스로 만들기도 한답니다.
이 과정에서 공간에 대한 감각과 또 다른 퍼즐 문제, 도형 맞추기, 도형나누기에 대한 자신감도 생기게 되지요. 완성했다는 행복감보다 더 큰 자신감과 수학에 대한 흥미가 생기게 되는 것입니다.

팩토가 만드는 창의사고력 수학은 바로 이런 것입니다.

수학 문제를 한 문제 풀었을 뿐인데, 그 결과는 기대 이상으로 여러분을 행복하게 해 줍니다. 학교에서도 친구들과 다른 멋진 방법으로 문제를 해결할 수 있고, 중학생이 되어서는 더 큰 꿈을 이루는 밑거름이 되어 줄 것입니다.
물론 고민하고, 시행착오를 반복하는 것은 퍼즐을 맞추는 것과 같이 여러분들의 몫입니다. 팩토는 여러분에게 생각할 수 있는 기회를 주고, 그 과정에서 포기하지 않도록 여러분들을 도와주는 친구일 뿐입니다.
자, 그럼 시작해 볼까요? 팩토와 함께 초등학교에서 배우는 기본을 바탕으로 창의사고력 주요 테마의 각 주제를 모두 여러분의 것으로 만들어 보세요.

I 수와 연산

수와 연산

01 포포즈와 목표수

개념학습 **포포즈**

4개의 숫자 4와 사칙 연산 기호(+, −, ×, ÷)를 사용하여 1부터 100까지의 수를 만드는 것을 포포즈라고 합니다.

44÷44=1	(4÷4)+(4÷4)=2
(4÷4)×(4÷4)=1	4×4÷(4+4)=2
4×4÷4÷4=1	4÷{(4+4)÷4}=2
4÷4+4−4=1	4−{(4+4)÷4}=2
⋮	⋮

예제 4개의 숫자 4와 사칙 연산 기호(+, −, ×, ÷)와 괄호를 사용하여 계산 결과가 3, 5, 8, 10, 15, 20이 되는 식을 만들어 보시오.

강의노트

① 숫자 4를 2개 사용하여 만들 수 있는 수는

44, 4+4=8, 4−4=0, 4×4=16, 4÷4=1입니다.

이것을 이용하여 4◯4+4◯4=8, 4◯4−4◯4=15를 만들 수 있습니다.

② 숫자 4를 3개 사용하여 4+4+4=12, 4×4+4=20, 44−4=40, 4÷4+4=5를 만들 수 있고, 여기에 4를 하나 더 사용하여

(4◯4◯4)◯4=3, (4◯4◯4)◯4=5, (44◯4)◯4=10,

(4◯4◯4)◯4=20을 만들 수 있습니다.

유제 4개의 숫자 9와 사칙 연산 기호, 괄호를 사용하여 계산 결과가 3, 8, 9, 10, 20이 되는 식을 만들어 보시오.

9　9　9　9 = 3

9　9　9　9 = 8

9　9　9　9 = 9

9　9　9　9 = 10

9　9　9　9 = 20

개념학습 100 만들기

1에서 9까지의 숫자가 차례로 나열되어 있을 때 숫자의 순서를 바꾸지 않고 +와 −를 사용하여 계산 결과가 100인 식을 만들 수 있습니다.

예제 1에서 9까지의 숫자가 차례로 나열되어 있습니다. +와 −만을 사용하여 계산 결과가 100이 되는 식을 만들어 보시오. (단, 숫자를 여러 개 이어 붙여 두 자리 수 이상을 만들어 계산해도 됩니다.)

1　2　3　4　5　6　7　8　9 = 100

강의노트

① +와 −만을 사용하여 100을 만들려면 수를 이어 붙여서 100에 가까운 큰 수를 만들어야 합니다.
숫자 [　]과 [　]를 붙이면 100에 가장 가까운 수인 [　]를 만들 수 있습니다.

② ①에서 만든 수를 제외한 나머지 숫자들을 사용하여 [　]을 만들어 더하면 되므로
12◯3◯4◯5◯6◯7+89=100입니다.

유제 다음과 같이 1에서 9까지의 숫자가 차례로 나열되어 있습니다. +와 −만을 사용하여 계산 결과가 55가 되는 식을 만들어 보시오. (단, 숫자를 여러 개 이어 붙여 두 자리 수 이상을 만들어 계산해도 됩니다.)

1　2　3　4　5　6　7　8　9=55

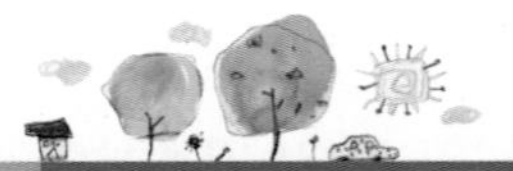

유형 01-1 목표수 만들기

숫자 1, 2, 5, 5, 5, 5, 8, 9 사이에 +와 −를 써 넣어 계산 결과가 111이 되는 식을 3개 만들어 보시오. (단, 숫자를 여러 개 이어 붙여 두 자리 수 이상을 만들어 계산해도 됩니다.)

1 2 5 5 5 5 8 9 = 111

1 2 5 5 5 5 8 9 = 111

1 2 5 5 5 5 8 9 = 111

1 숫자들을 이어 붙여 111에 가장 가까운 두 자리 수를 만들고, 남은 숫자들로 111과 만든 두 자리 수와의 차를 만들어 보시오.

1 2 5 5 5 5 8 9 = 111

2 숫자들을 이어 붙여 111에 가장 가까운 세 자리 수를 만들고, 남은 숫자들로 111과 만든 세 자리 수와의 차를 만들어 보시오.

1 2 5 5 5 5 8 9 = 111

3 숫자들을 이어 붙여 두 자리 수 2개의 합으로 111에 가장 가까운 수를 만들고, 남은 숫자들로 111과 그 수와의 차를 만들어 보시오.

1 2 5 5 5 5 8 9 = 111

Key Point

1 1에서 9까지의 숫자가 다음과 같이 나열되어 있습니다. 숫자 사이에 +와 −를 써 넣어 계산 결과가 100이 되는 식을 3개 만들어 보시오. (단, 숫자를 여러 개 이어 붙여 두 자리 수 이상을 만들어 계산해도 됩니다.)

9　8　7　6　5　4　3　2　1=100
9　8　7　6　5　4　3　2　1=100
9　8　7　6　5　4　3　2　1=100

숫자를 이어 붙여서 100에 가까운 큰 수를 만들고, 남은 숫자로 그 수와 100의 차를 만듭니다

2 등식이 성립하도록 주어진 숫자 사이에 사칙 연산 기호(+, −, ×, ÷)를 써 넣으시오. (단, 숫자를 여러 개 이어 붙여 두 자리 수 이상을 만들어 계산해도 됩니다.)

2　3　5　7　7　9=104
2　3　5　7　7　9=104
2　3　5　7　7　9=104

두 수를 붙이거나 곱하여 104에 가까운 큰 수를 만듭니다.

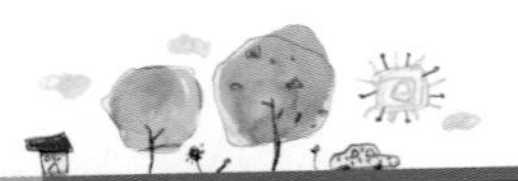

유형 01-2 분수 만들기

□ 안에 1에서 6까지의 숫자를 한 번씩 써 넣어 계산 결과가 자연수가 되도록 만들려고 합니다. 계산 결과가 될 수 있는 값을 모두 구하시오.

$$\Box\frac{\Box}{7}+\Box\frac{\Box}{7}+\Box\frac{\Box}{7}$$

1 분수 부분들을 더한 값이 자연수가 되려면 분자의 합은 어떤 수의 배수가 되어야 합니까?

2 분자의 합이 **1**의 결과가 되도록 □ 안에 알맞은 수를 써 넣으시오.

- $\frac{\Box}{7}+\frac{\Box}{7}+\frac{\Box}{7}=\Box$
- $\frac{\Box}{7}+\frac{\Box}{7}+\frac{\Box}{7}=\Box$

3 대분수의 덧셈은 자연수는 자연수끼리, 분수는 분수끼리 더하여 그 합을 구할 수 있습니다. **2**에서 구한 각각의 경우에 남은 숫자를 사용하여 자연수 부분에 알맞은 수를 써 넣고, 그 결과를 구하시오.

- $\Box\frac{\Box}{7}+\Box\frac{\Box}{7}+\Box\frac{\Box}{7}=\Box$
- $\Box\frac{\Box}{7}+\Box\frac{\Box}{7}+\Box\frac{\Box}{7}=\Box$

확인문제

Key Point

1 □ 안에 1, 2, 3, 4를 한 번씩 써 넣어 계산 결과가 자연수가 되도록 할 때, 계산 결과가 될 수 있는 값을 구하시오.

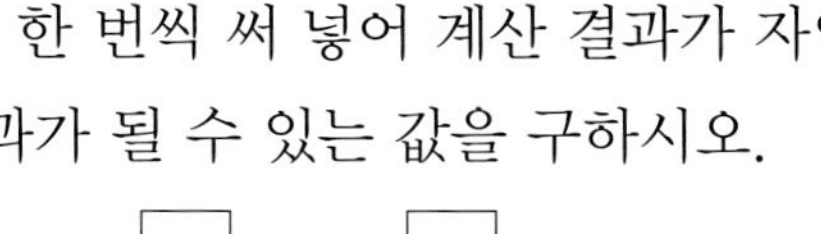

분자의 합이 5의 배수가 되도록 합니다.

2 □ 안에 1, 2, 3, 4, 5, 6을 한 번씩만 써 넣어 등식이 성립하도록 하시오. (단, 분수는 모두 진분수입니다.)

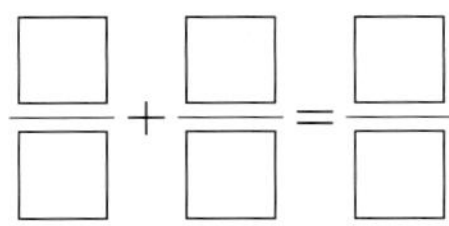

6개의 숫자로 만들 수 있는 가장 큰 분수가 계산 결과가 됩니다.

창의사고력 다지기

1 숫자 카드 0, 1, 2, 3, 4, 5 를 모두 한 번씩 사용하여 4에 가장 가까운 분수를 만들어 보시오.

2 다음과 같이 숫자 1이 9개 나열되어 있습니다. 알맞은 곳에 +를 써 넣어 등식이 성립하도록 만들어 보시오.

1　1　1　1　1　1　1　1　1=234

3 숫자 7이 8개 나열되어 있습니다. 알맞은 곳에 +를 넣어 계산 결과가 245가 되도록 만들어 보시오.

$$7 \quad 7 \quad 7 \quad 7 \quad 7 \quad 7 \quad 7 \quad 7=245$$

4 ○ 안에 +, −, ×, ÷를 한 번씩 써 넣어 계산 결과가 가장 크게 되도록 식을 만들고, 그 값을 구하시오.

$$\frac{1}{2}\bigcirc\frac{2}{3}\bigcirc\frac{3}{4}\bigcirc\frac{4}{5}\bigcirc\frac{5}{6}=\square$$

02 벌레 먹은 셈

개념학습 벌레 먹은 셈

① 주어진 식이 벌레 먹은 모습과 같다고 하여 벌레 먹은 셈이라고 합니다.
② 벌레 먹은 셈에서 맨 앞자리의 숫자는 항상 0이 아니고, 한 칸에 숫자 한 개씩만 들어가므로 주어진 수가 몇 자리 수인지 알 수 있습니다.

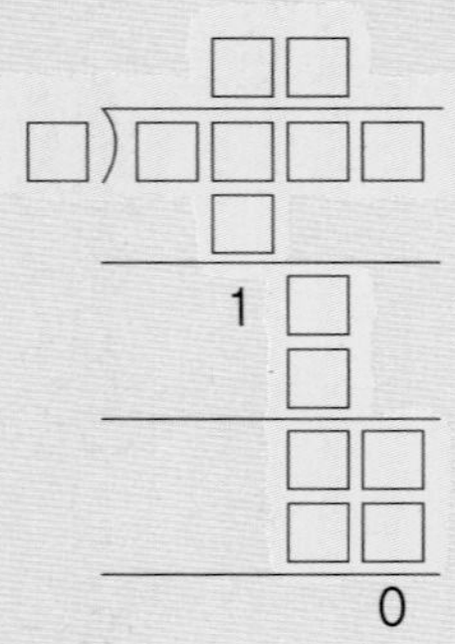

예제 오른쪽은 (세 자리 수)×(두 자리 수)의 곱셈식입니다. □ 안에 알맞은 숫자를 써 넣어 식을 완성하시오.

```
    □ 1 □
  ×   □ 8
  -------
    □ □ □
  □ □ □ 5
  -------
  □ □ □ □ 0
```

강의노트

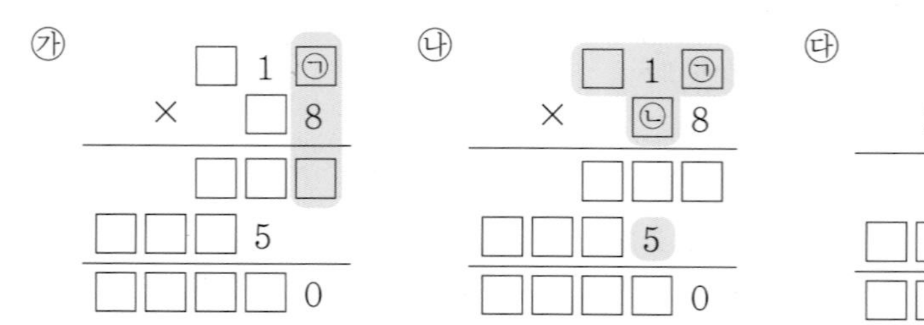

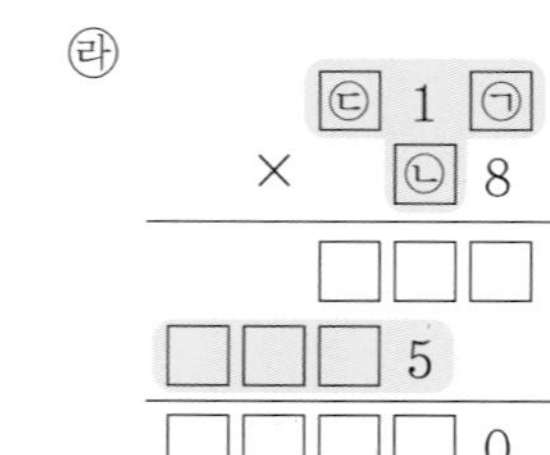

① ㉮에서 ㉠×8의 일의 자리 숫자가 □이므로 ㉠은 □ 또는 □입니다.

② ㉯에서 ㉠×㉡의 일의 자리 숫자가 □이므로 곱하는 두 숫자는 모두 0이 아니어야 합니다.

따라서 ㉠=□입니다.

③ ㉰에서 ㉢1㉠×8이 세 자리 수이므로 ㉢=□뿐입니다.

④ ㉱에서 ㉢1㉠×㉡이 네 자리 수이므로 ㉡=□가 되어야 합니다.

⑤ 나머지 빈 칸에도 알맞은 수를 써 넣습니다.

개념학습 식 완성하기

0에서 9까지의 숫자를 한 번씩 모두 사용하여 주어진 식을 완성하는 문제를 풀 때에는 먼저 들어갈 수 있는 위치가 정해진 숫자부터 해결합니다.
주어진 식을 만족하는 경우는 다음과 같이 여러 가지가 있습니다.

3 + 6 = 9	7 + 1 = 8	1 + 7 = 8
8 − 1 = 7	9 − 3 = 6	9 − 6 = 3
4 × 5 = 2 0	5 × 4 = 2 0	4 × 5 = 2 0

예제 다음 식에서 ㉮에서 ㉾는 1에서 9까지의 서로 다른 한 자리 숫자입니다. 다음 식을 만족하는 두 자리 수 ㉵㉱를 구하시오.

- ㉮×㉯=㉯
- ㉮+㉯=㉰
- ㉲×㉱=㉳
- ㉲×㉲=㉱
- ㉴×㉲㉮=㉯㉴
- ㉵㉱÷㉾=㉯

강의노트

① ㉮×㉯=㉯에서 ㉮=☐입니다.

② 같은 수를 두 번 곱하여 한 자리 수가 되는 수는 1, 2, 3뿐이므로 ㉲×㉲=㉱에서 ㉲=2일 때 ㉱=☐, ㉲=3일 때 ㉱=☐가 될 수 있습니다.

③ ㉲=3, ㉱=☐일 때 ㉲×㉱=㉳를 만족할 수 없으므로 ㉲=2, ㉱=☐이고, 이 때 ㉳=☐이 됩니다.

④ ㉴×㉲㉮=㉯㉴에서 두 자리 수 ㉲㉮가 나타내는 값은 21이므로 ㉴에 알맞은 숫자는 ☐뿐입니다. 따라서 ㉯=☐, ㉴=☐입니다.

⑤ ㉮+㉯=㉰에서 ㉮=☐, ㉯=☐이므로 ㉰=☐입니다.

⑥ ㉵㉱÷㉾=㉯에서 ㉱=☐, ㉯=☐이고, 남은 숫자는 5와 9이므로 ㉵=☐, ㉾=☐가 됩니다. 따라서 ㉵㉱가 나타내는 두 자리 수는 ☐입니다.

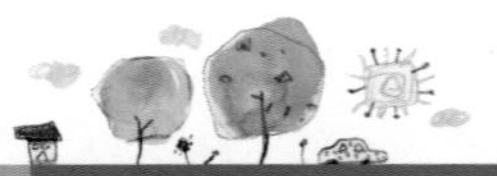

유형 02-1 벌레 먹은 셈

다음 □ 안에 알맞은 숫자를 써 넣어 나눗셈이 성립하도록 만들어 보시오. (단, 같은 문자는 같은 숫자를 나타냅니다.)

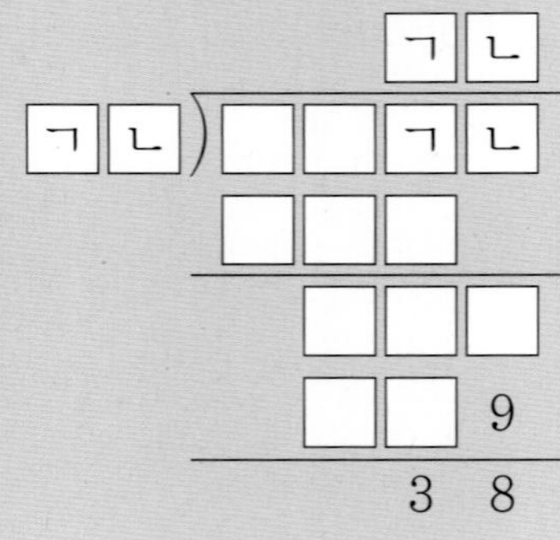

1 ㄴ이 나타내는 숫자는 무엇입니까?

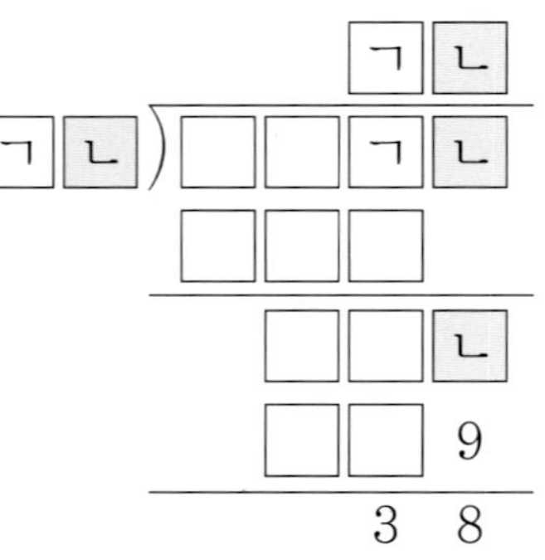

2 ㄱㄴ×ㄱ과 ㄱㄴ×ㄴ은 모두 세 자리 수입니다. **1**에서 구한 숫자를 ㄴ에 넣었을 때, 1에서 9까지의 숫자 중에서 ㄱ이 될 수 없는 숫자는 무엇입니까?

3 **2**에서 구한 숫자를 제외한 숫자를 ㄱ에 차례로 넣어 보고, 조건에 맞는 식을 완성하시오.

확인문제

Key Point

1 다음 곱셈식이 성립되도록 □ 안에 알맞은 숫자를 써 넣으시오.

$$\begin{array}{r} 3\,\square \\ \times\ \square\,7 \\ \hline 2\,5\,2 \\ 2\,5\,\square\ \ \\ \hline \square\,\square\,\square\,\square \end{array}$$

먼저 3□×7=252를 만족하는 □의 값을 찾습니다.

2 다음 나눗셈식이 성립되도록 □ 안에 알맞은 숫자를 써 넣으시오.

$$\begin{array}{r} \square\,2\,\square \\ 6\,\overline{)\,4\,\square\,\square\,4} \\ \square\,2\ \ \ \ \\ \hline \square\,7\ \ \\ \square\,\square\ \ \\ \hline 5\,\square \\ \square\,\square \\ \hline 0 \end{array}$$

먼저 알 수 있는 칸부터 숫자를 씁니다.

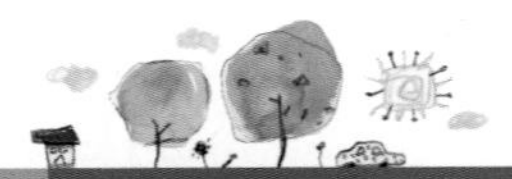

유형 02-2 식 완성하기

□ 안에 1에서 9까지의 숫자를 모두 한 번씩 써 넣어 다음 식을 완성하려고 합니다. 빈 칸에 알맞은 숫자를 써 넣으시오.

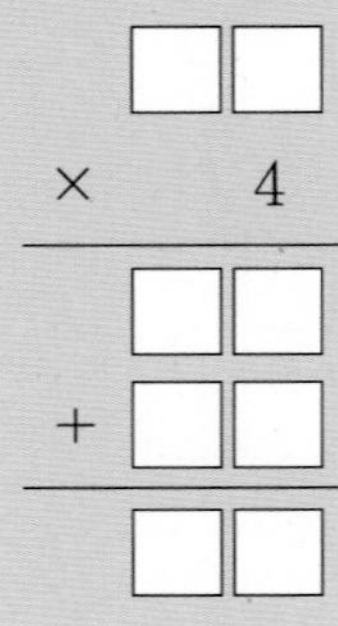

1 ㉠㉡×4의 값은 두 자리 수입니다. ㉠에 들어갈 수 있는 숫자를 모두 구하시오.

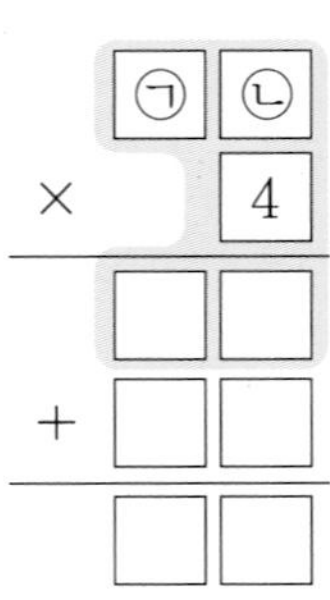

2 1에서 구한 값을 ㉠에 넣었을 때, 식을 만족하는 ㉠에 알맞은 숫자를 구하시오.

3 ㉡에 들어갈 수 있는 숫자를 차례로 넣어 보고, 식을 만족하는 일의 자리 숫자를 모두 구하고, 식을 완성하시오.

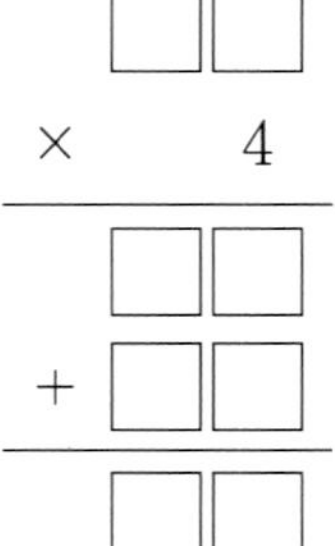

확인문제

◦ Key Point

1 주어진 숫자 카드를 한 번씩만 사용하여 다음 식을 완성하시오.

1 2 3 4 5 6 7 8 9

```
      9
×     □
─────────
     □□
+   7□
─────────
    □□□
```

1부터 차례로 숫자를 넣었을 때 중복되는 숫자가 나오지 않는 경우를 찾습니다.

2 다음 □ 안에 0, 1, 2, 3, 4, 5, 7, 8, 9의 숫자를 한 번씩 모두 써 넣어 올바른 식이 되도록 만들어 보시오.

```
   □□□□
−   □□□
─────────
     □□
```

계산 결과가 두 자리 수이므로 빼어지는 수의 천의 자리와 백의 자리, 빼는 수의 백의 자리에 알맞은 숫자를 먼저 구합니다.

창의사고력 다지기

1 □ 안에 알맞은 숫자를 써 넣어 곱셈식을 완성하시오.

$$\begin{array}{r} 3\ 8\ 4\ \square \\ \times \qquad \square\ 7 \\ \hline \square\ \square\ \square\ \square\ 1 \\ 1\ \square\ \square\ \square\ 5\ \\ \hline 2\ \square\ \square\ \square\ \square\ 1 \end{array}$$

2 □ 안에 알맞은 숫자를 써 넣어 다음 나눗셈식을 완성하시오.

$$\begin{array}{r} \square\ \square \\ 67\,\overline{)\,\square\ \square\ \square\ \square} \\ \square\ \square\ 1\ \\ \hline \square\ 6\ \square \\ \square\ 6\ \square \\ \hline 0 \end{array}$$

3 □ 안에 1에서 9까지의 숫자를 한 번씩만 써 넣어 다음 식을 완성하시오.

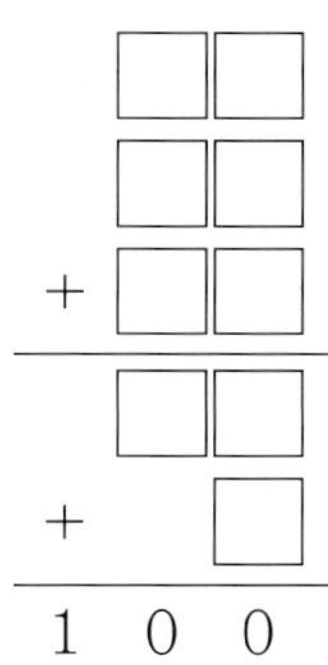

4 다음 식에서 A, B, C, D가 서로 다른 숫자일 때, 다음을 만족시키는 네 자리 자연수 ABCD를 구하시오.

$$\begin{array}{r} A\ B\ C\ D \\ \times \quad\quad\quad 4 \\ \hline D\ C\ B\ A \end{array}$$

03 마방진

개념학습 마방진

• 가로, 세로, 대각선에 놓인 수들의 합이 모두 같도록 배열한 것을 마방진이라고 합니다.

• 4000년 전 중국에서 치수 공사를 하던 중에 거북 한 마리가 발견되었는데, 이 거북의 등에 찍혀 있던 점이 마방진을 이루었다고 합니다.
이것이 마방진에 대한 가장 오래된 기록이며, 그 신비한 성질로 인해 옛날부터 많은 사람들의 관심을 받았습니다.

예제 빈 칸에 1에서 9까지의 수를 한 번씩 써 넣어 가로, 세로, 대각선에 놓인 세 수의 합이 모두 같도록 만드시오.

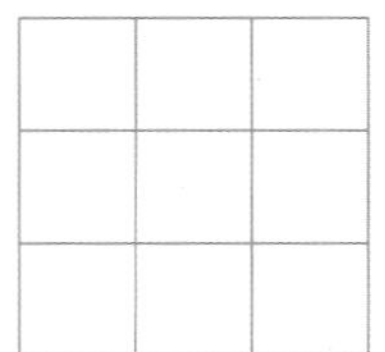

강의노트

① 가로에 있는 세 수의 합은 (1에서 9까지의 합) $\div 3=$ ☐ 입니다.

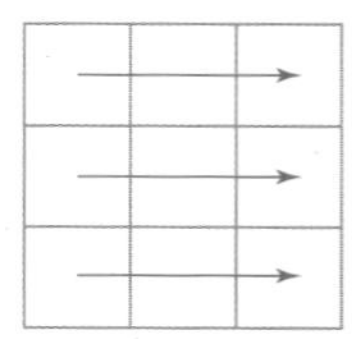

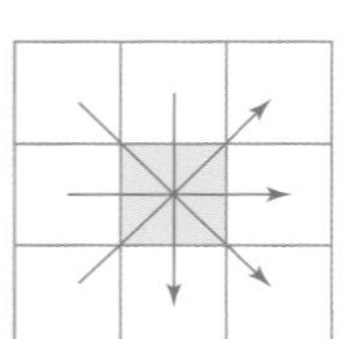

② 위의 오른쪽 그림에서 한가운데 칸을 지나는 줄은 4줄입니다. 이 4줄의 수의 합은 (각 줄의 세 수의 합) $\times 4=$ ☐ $\times 4=$ ☐ 입니다.

③ 네 줄의 수의 합은 한가운데 칸의 수는 4번 더해지고, 나머지 8칸 수는 1번씩 더해진 것이므로 1에서 9까지의 수를 한 번씩 더한 값에 가운데 수를 ☐ 번 더 더한 것과 같습니다.

④ 한 가운데 수를 ★이라 하면, 네 줄의 수의 합은 $(1+2+3+\cdots+8+9)+$ ★ $\times$ ☐ $=$ ☐ 이므로 ★ $=$ ☐ 가 됩니다.

⑤ 가장 큰 수인 9를 넣는 경우는 다음 두 가지가 있습니다. 이 때, 왼쪽의 경우는 만들어지지 않으므로 한 줄에 있는 세 수의 합이 ☐ 가 되도록 오른쪽 빈 칸에 알맞은 수를 써 넣습니다.

9		

	9	

개념학습 **입체 마방진**

정육면체의 꼭짓점에 1에서 8까지의 수를 한 번씩 써 넣어 각 면에 있는 네 수의 합이 모두 같게 만드는 것을 주합진(周合陣)이라고 합니다.

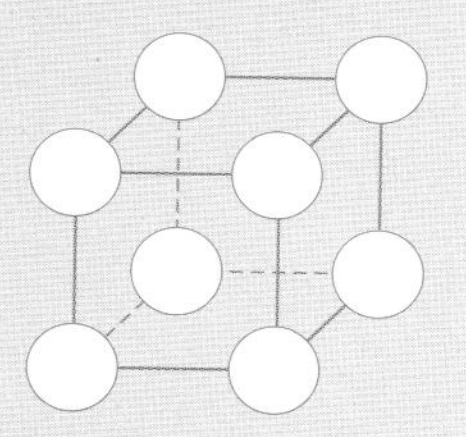

예제 오른쪽 정육면체의 꼭짓점에 1에서 8까지의 수를 한 번씩 써 넣어 각 면에 있는 네 수의 합이 모두 같게 만드시오.

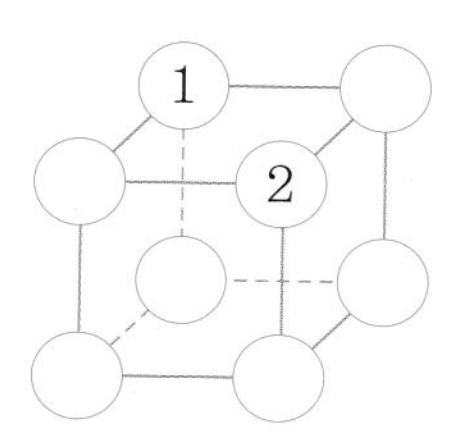

강의노트

① 정육면체의 마주 보는 두 면의 꼭짓점에 있는 수들의 합은 1에서 8까지의 합과 같으므로 한 면에 있는 네 수의 합은 36÷2=☐입니다.

② 네 수의 합이 ☐이 되는 경우는 8가지가 있습니다.

(1, 2, 7, 8), (1, 3, 6, 8), (1, 4, 5, 8), (1, 4, ☐, 7)

(2, 3, 5, 8), (2, 3, 6, ☐), (2, 4, 5, ☐), (3, 4, ☐, ☐)

③ 1과 2의 위치가 정해져 있으므로 7과 8의 위치에 따라 두 가지 모양을 만들 수 있습니다.

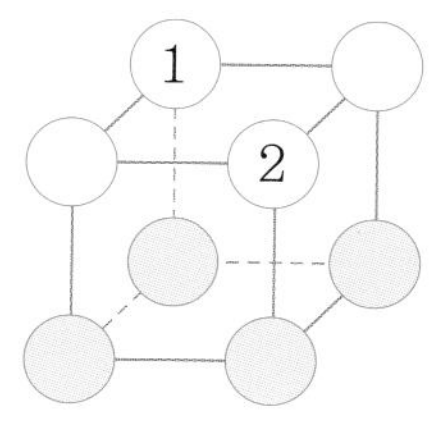

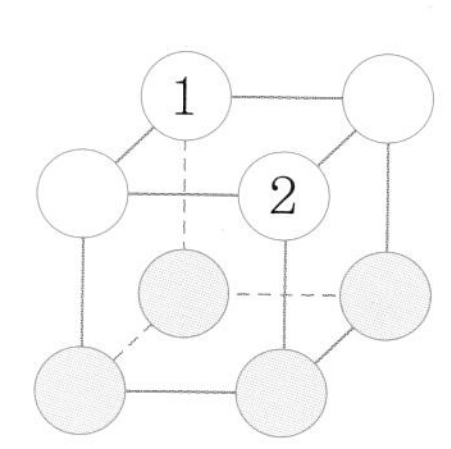

④ 한 면의 합이 18이 되려면 1과 7 아래에 올 수 있는 두 수는 ☐와 ☐뿐입니다. 위의 ③에서 구한 각 경우에 1의 아래에 ☐가 오는 경우와 ☐이 오는 경우의 두 가지 방법으로 나머지 수들을 알맞은 위치에 써 넣습니다.

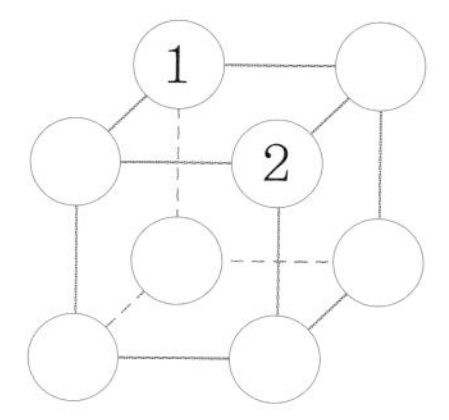

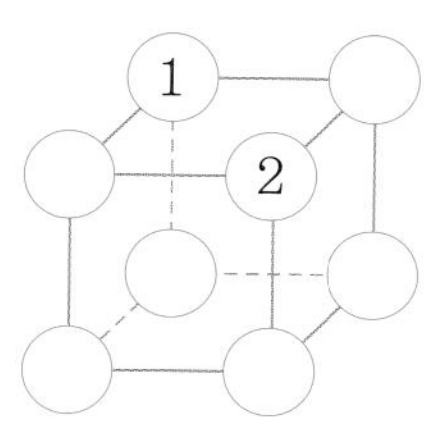

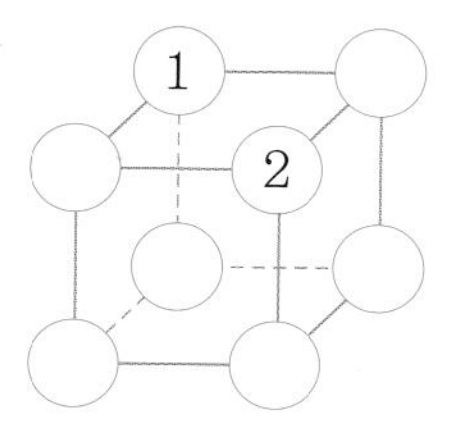

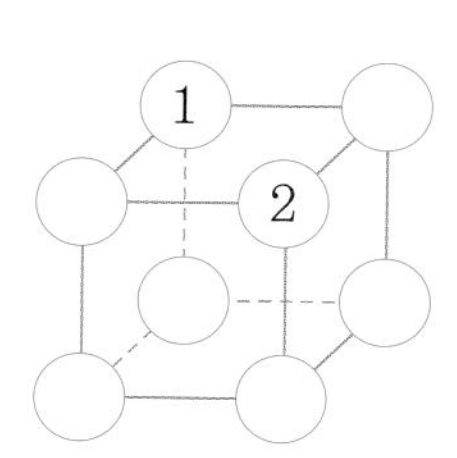

유형 03-1 여러 가지 마방진

1에서 8까지의 수를 ○ 안에 한 번씩만 써 넣어, 한 직선 위의 네 수의 합과 사각형의 꼭짓점에 있는 네 수의 합이 모두 같게 만들어 보시오.

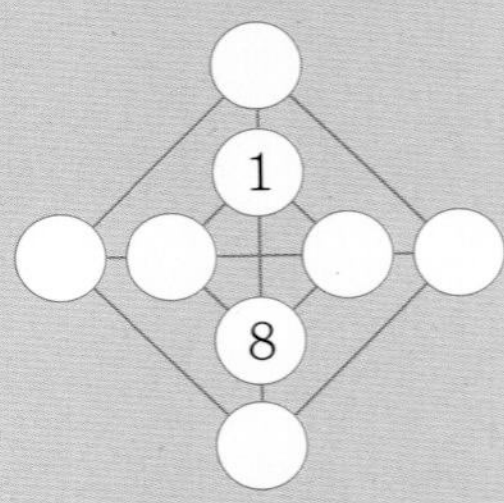

1 한 직선 위의 네 수의 합은 얼마입니까?

2 한 직선 위의 네 수 중 안쪽의 두 수는 작은 사각형의 꼭짓점에 있는 수이고, 바깥쪽의 두 수는 큰 사각형의 꼭짓점에 있는 수입니다. 따라서 안쪽의 두 수의 합과 바깥쪽의 두 수의 합이 같으면 사각형 위의 네 수의 합도 같아집니다. 안쪽의 두 수의 합 또는 바깥쪽의 두 수의 합은 얼마입니까?

3 두 수의 합이 **2**와 같은 4개의 쌍을 구하고, 조건에 맞게 수를 써 넣으시오.

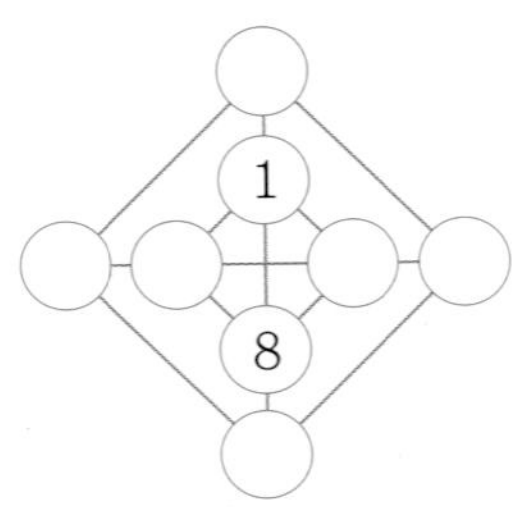

Key Point

1 각 직선 위에 있는 세 수의 합이 같도록 1에서 11까지의 수를 ◯ 안에 한 번씩 써 넣으려고 합니다. 한 직선 위의 세 수의 합이 가장 크게 되도록 수를 써 넣으시오.

가운데 ◯에 들어갈 수를 먼저 찾습니다.

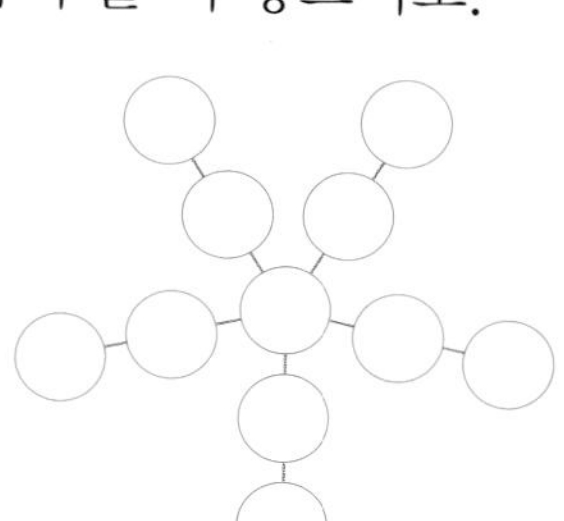

2 다음은 요술 우산을 펼쳐 놓은 모습입니다. 1에서 16까지의 수를 ◯ 안에 한 번씩 써 넣어 한 직선 위에 있는 네 수의 합과 팔각형의 꼭짓점에 있는 여덟 개의 수의 합이 각각 같도록 만들어 보시오.

한 직선 위의 네 수의 합은 $(1+2+3+\cdots+15+16)\div4=34$입니다.

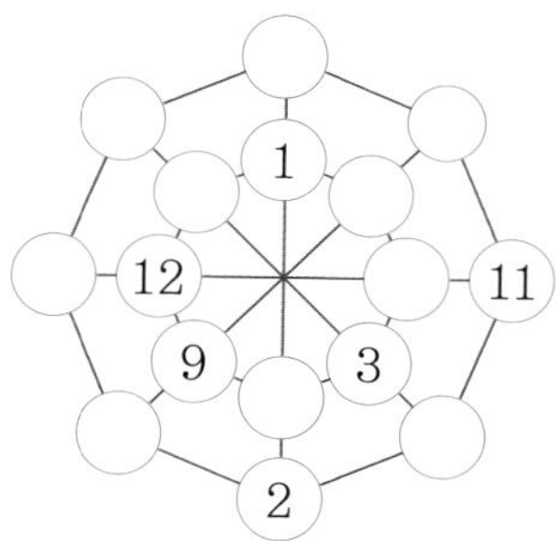

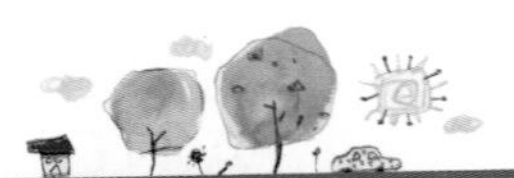

유형 O3-2 곱셈 마방진

빈 칸에 1, 2, 3, 4, 6, 9, 12, 18, 36을 한 번씩 써 넣어 가로, 세로, 대각선 방향의 세 수의 곱이 모두 같도록 만드시오.

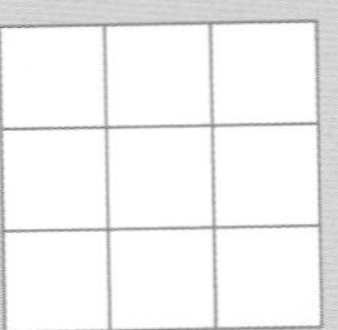

1 한 선분 위의 세 수의 곱이 모두 같아야 하므로 한가운데 들어갈 수를 제외한 나머지 두 수의 곱은 모두 같아야 합니다. 다음 중 한가운데 들어갈 수를 찾아 ○표 하고, 나머지 8개의 수를 곱이 같게 되도록 두 수씩 짝지어 보시오.

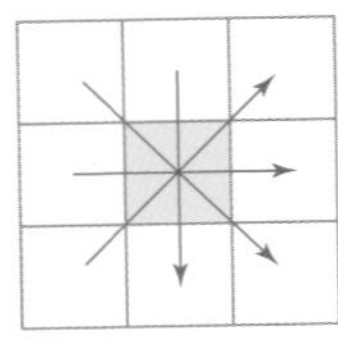

1　2　3　4　6　9　12　18　36

2 36과 1이 들어갈 수 있는 서로 다른 위치는 다음의 2가지입니다. ①의 경우 곱셈 마방진을 만들 수 없습니다. ②의 빈 칸을 채워 곱셈 마방진을 완성하시오.

①

		1
		㉢
36	㉠	㉡

한가운데 들어갈 수는 6이므로 한 선분 위의 세 수의 곱은 216입니다.
따라서 ㉠과 ㉡의 곱은 6이 되어야 하므로 ㉠, ㉡에 알맞은 수는 2와 3입니다. ㉡=2이면 ㉢=108이 되어야 하고, ㉡=3이면 ㉢=72가 되어야 하므로 불가능합니다.

②

	1	
	36	

한가운데 들어갈 수는 □이므로 한 선분 위의 세 수의 곱은 □입니다.
따라서 36과 같은 줄에 들어갈 두 수는 곱이 6인 □와 □이고,
1과 같은 줄에 들어갈 두 수는 □와 □입니다.

∘ Key Point

두 번씩 곱해지는 자리에 작은 수를 써 넣습니다.

1 ◯ 안에 1, 2, 3, 6, 12, 18을 한 번씩 써 넣어 한 선분 위의 세 수의 곱이 모두 같도록 만드시오.

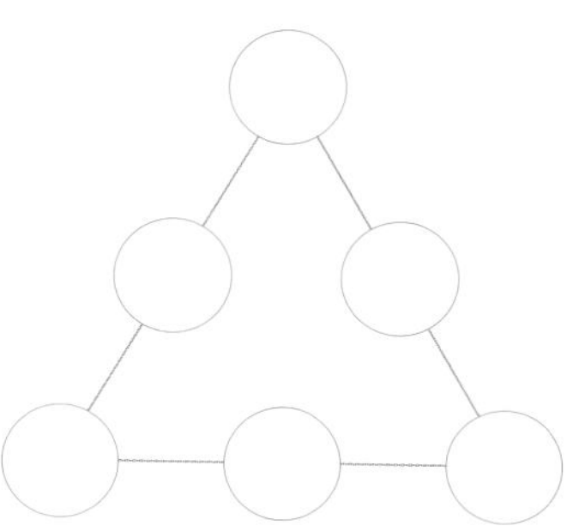

두 수의 곱이 6이 되는 경우는 (1, 6) 또는 (2, 3)입니다.

2 ㉠, ㉡, ㉢, ㉣, ㉤은 1에서 9까지의 자연수 중 하나이고, □ 안의 수는 양쪽에 있는 두 수의 곱입니다. ㉠, ㉡, ㉢, ㉣, ㉤에 알맞은 수를 구하시오.

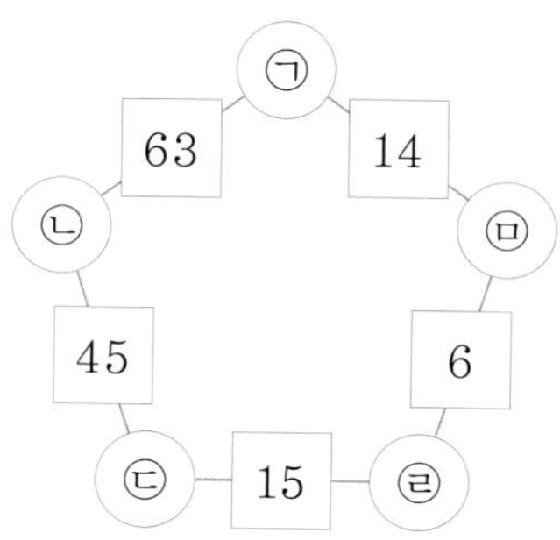

창의사고력 다지기

1 2에서 10까지의 수를 한 번씩 써 넣어 가로, 세로, 대각선에 놓인 세 수의 합이 모두 같도록 만드시오.

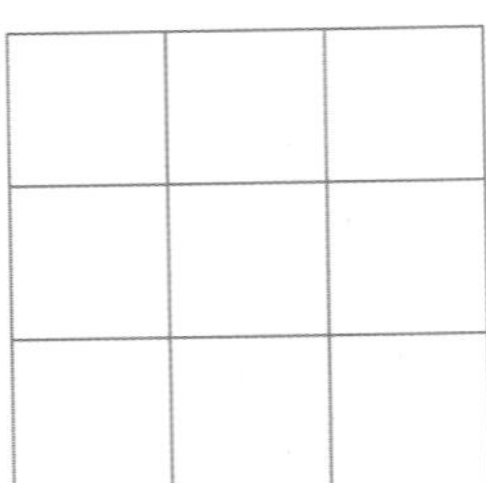

2 ◯ 안에 1, 2, 3, 4, 5, 6, 12를 한 번씩 써서 한 줄 위에 있는 세 수의 곱이 모두 같도록 만드시오.

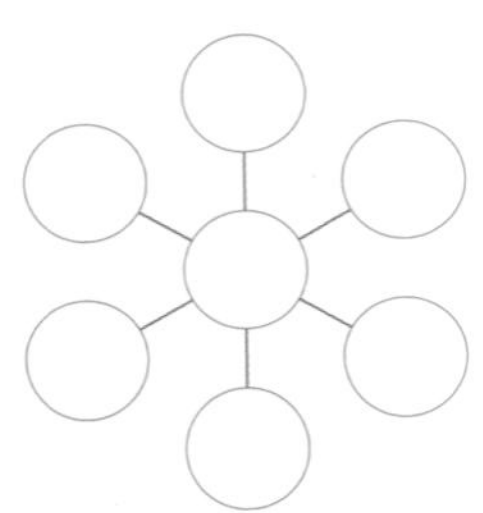

3 ◯ 안에 1에서 12까지의 수를 한 번씩 사용하여 같은 줄에 있는 네 수의 합이 각각 같도록 알맞은 수를 써 넣으시오.

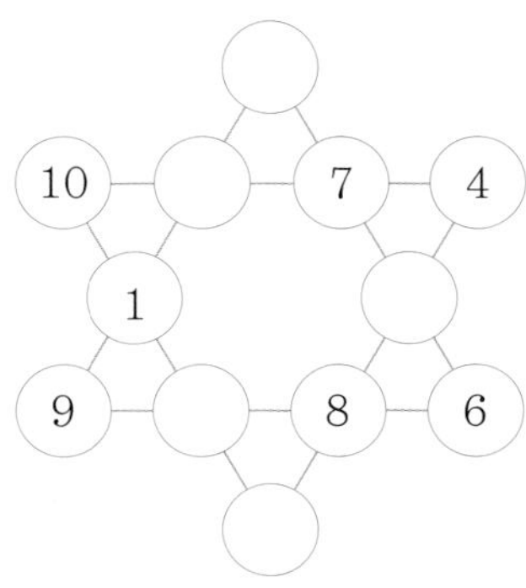

4 다음 사면체의 각 모서리 위의 ◯ 안에 1에서 12까지의 수를 한 번씩 써 넣어 각 면의 세 모서리에 있는 6개의 수의 합이 같도록 만들어 보시오.

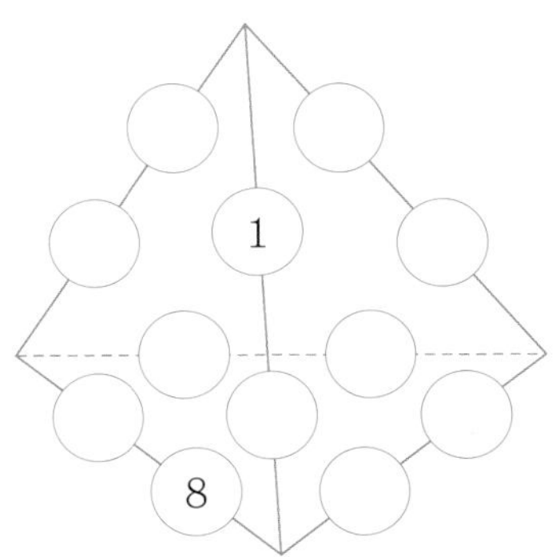

Memo

Ⅱ 언어와 논리

언어와 논리

04 논리 퍼즐

개념학습 노노그램

① 바둑판 모양의 정사각형 밖에 있는 수에 따라 빈 칸을 색칠하는 퍼즐을 노노그램 또는 네모네모로직이라고 합니다.

② 왼쪽에 있는 수는 가로줄에 색칠한 칸의 수를, 위에 있는 수는 세로줄에 색칠한 칸의 수를 나타냅니다. 수가 연이어 나온 경우 그 수 사이에는 반드시 빈 칸을 두어 구분합니다.

	1 1 1	2	1 1	1 2	1
1 1					
2 1					
2 1					
1					
1 1					

예제 다음 |규칙|에 맞게 노노그램을 완성하시오.

> 규칙
> - 왼쪽과 위에 있는 수는 각각 가로줄과 세로줄에 연속해서 색칠해지는 칸의 수를 나타냅니다.
> - 연이어 나온 수와 수 사이에는 빈 칸이 1칸 이상 있어야 합니다.

	2	1 1	1 1	1 1	2
1 1					
1 1 1					
1 1					
1 1					
1					

강의노트

① 1 1 1이 쓰여 있는 둘째 번 가로줄을 나타낼 수 있는 방법은 한 가지뿐이므로 먼저 색칠합니다. 이 때, 확실히 색칠할 수 없는 칸은 ×표 합니다.

	2	1 1	1 1	1 1	2
1 1					
1 1 1					
1 1					
1 1					
1					

② 2가 쓰여 있는 첫째, 다섯째 세로줄은 이미 칠해진 칸과 연속해서 2칸이 칠해져야 합니다. 따라서 확실히 색칠할 수 없는 칸에 ×표 합니다.

	2	1 1	1 1	1 1	2
1					
1 1 1					
1 1					
1 1					
1					

③ 1 1이 쓰여 있는 넷째 번 가로줄을 나타낼 수 있는 방법은 한 가지뿐이므로 알맞게 색칠합니다.
같은 방법으로 나머지 빈 칸에도 |규칙|에 맞게 색칠합니다.

	2	1 1	1 1	1 1	2
1 1					
1 1 1					
1 1					
1 1					
1					

개념학습 스도쿠

① 스도쿠는 가로, 세로 각각 9칸씩 모두 81칸으로 이루어진 정사각형 안에 1에서 9까지의 숫자를 모든 가로줄과 세로줄에 한 번씩만 들어가게 하고, 3×3의 작은 정사각형에도 한 번씩만 들어가도록 배치하는 게임입니다.

② 스도쿠는 문제를 해결하기 위해 주어진 조건을 적절히 이용하고, 여러 번의 시행착오와 직관력으로 문제를 해결해야 합니다.

8	7	4	9	5	3	6	2	1
5	3	2	1	6	4	8	9	7
6	1	9	2	8	7	5	3	4
3	6	1	4	7	2	9	5	8
2	9	8	5	1	6	7	4	3
4	5	7	8	3	9	1	6	2
9	4	5	7	2	8	3	1	6
1	8	6	3	4	5	2	7	9
7	2	3	6	9	1	4	8	5

예제 다음 |규칙|에 따라 1에서 6까지의 숫자를 써 넣어 스도쿠 퍼즐을 완성하시오.

규칙

- 모든 가로줄과 세로줄에 1에서 6까지의 숫자가 한 번씩만 들어갑니다.
- 굵은 선으로 둘러싸인 도형 안에도 1에서 6까지의 숫자가 한 번씩만 들어갑니다.

	2	1	4		㉤
3				㉥	6
㉠	3	6	2	5	㉡
㉢	6	3	1	4	㉣
			6		4
6	4	5	3		2

강의노트

① 모든 가로줄에는 1에서 6까지의 숫자가 한 번씩만 들어가야 하므로 ㉠과 ㉡에는 1 또는 4가 들어가야 합니다. 그런데 ㉡의 세로줄에는 4가 있으므로 ㉡에는 ☐, ㉠에는 ☐가 들어갑니다.

	2	1	4		㉤
3				㉥	6
	3	6	2	5	
㉢	6	3	1	4	㉣
					4
6	4	5	3		2

② ㉢, ㉣이 있는 가로줄을 보면 ㉢과 ㉣에는 2 또는 5가 들어가야 합니다. 그런데 ㉣의 세로줄에는 2가 있으므로 ㉣에는 ☐, ㉢에는 ☐가 들어갑니다.

	2	1	4		㉤
3				㉥	6
	3	6	2	5	
	6	3	1	4	
					4
6	4	5	3		2

③ ㉤, ㉥이 있는 칸에도 1에서 6까지의 숫자가 한 번씩 들어가야 하므로 ㉤과 ㉥에는 ☐ 또는 ☐이 들어가야 합니다. 그런데 ㉤의 가로줄에 2가 있으므로 ㉤에는 ☐, ㉥에는 ☐가 들어갑니다.
나머지 빈 칸에도 |규칙|에 맞게 채워 넣습니다.

	2	1	4		
3					6
	3	6	2	5	
	6	3	1	4	
					4
6	4	5	3		2

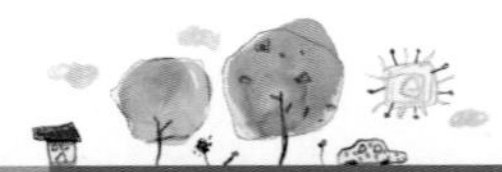

유형 04-1 화살표 퍼즐

사각형의 바깥쪽에 쓰여 있는 숫자는 그 줄에 놓이는 ★의 개수를 나타냅니다. 화살표의 앞쪽 방향에는 반드시 한 개 이상의 ★이 있을 때, ★이 있는 칸을 찾아 알맞게 그려 넣으시오.

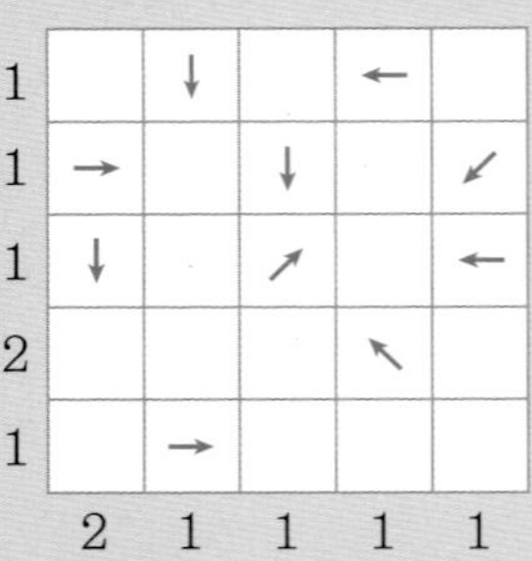

1 색칠한 칸에 ★이 있으면 ★표 하고, 없으면 ×표 하시오.

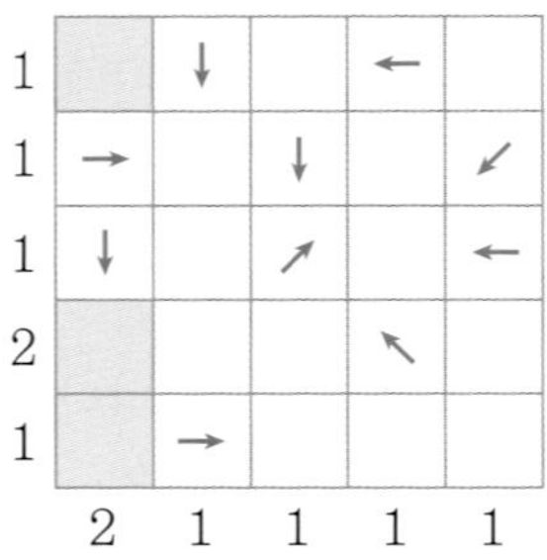

2 색칠한 칸에 ★이 있으면 ★표 하고, 없으면 ×표 하시오.

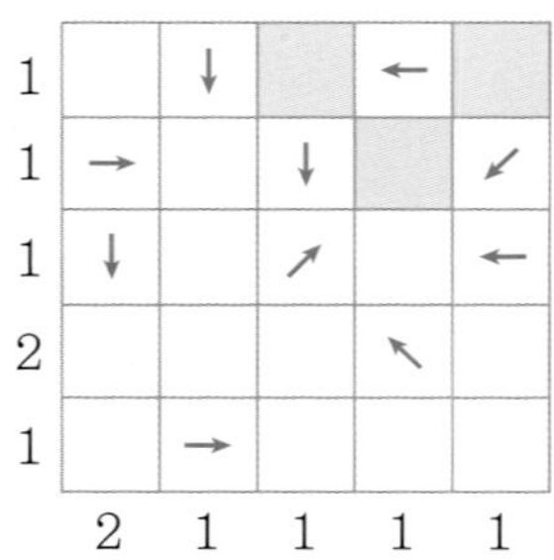

3 나머지 칸에도 조건에 맞게 ★을 그리시오.

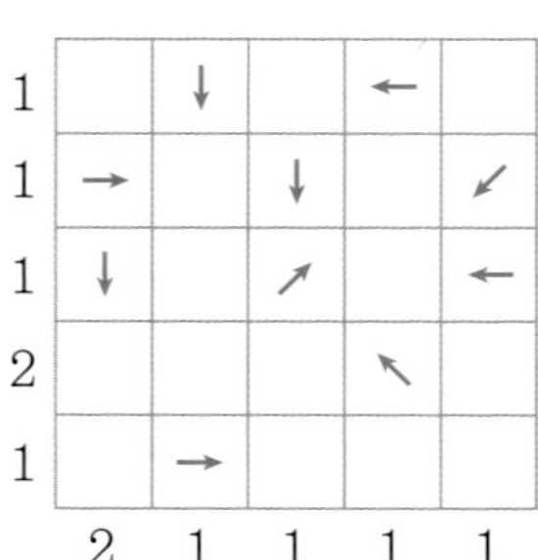

확인문제

Key Point

화살표의 앞쪽 방향에 한 개의 칸이 있으면 반드시 ★이 있어야 합니다.

1 사각형의 밖의 숫자는 그 줄에 놓이는 ★의 개수를 나타냅니다. 화살표의 앞쪽 방향에는 반드시 한 개 이상의 ★이 있을 때, ★이 있는 칸을 찾아 알맞게 그려 넣으시오.

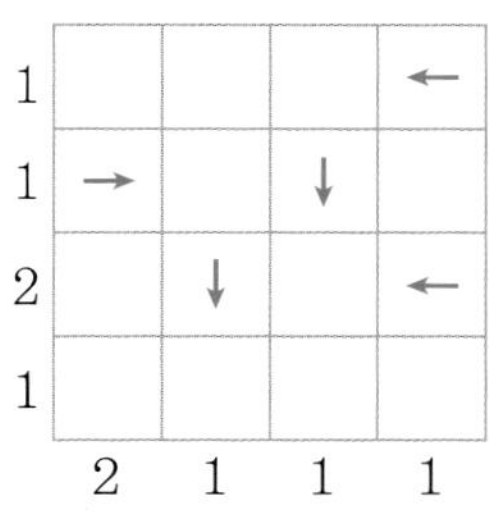

(조각 위치 표시) 에 놓이는 조각을 알아보고, (사각형 조각) 조각은 어디에 놓을 수 없는지 알아봅니다.

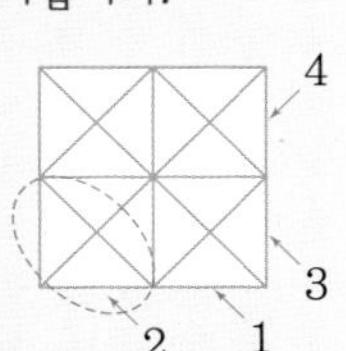

2 사각형의 밖의 숫자는 화살표 방향으로 놓여 있는 색칠한 가장 작은 삼각형 조각의 개수를 나타냅니다. |보기|의 3가지 모양의 색칠한 조각을 조건에 맞게 놓았을 때의 모양을 색칠해 보시오.

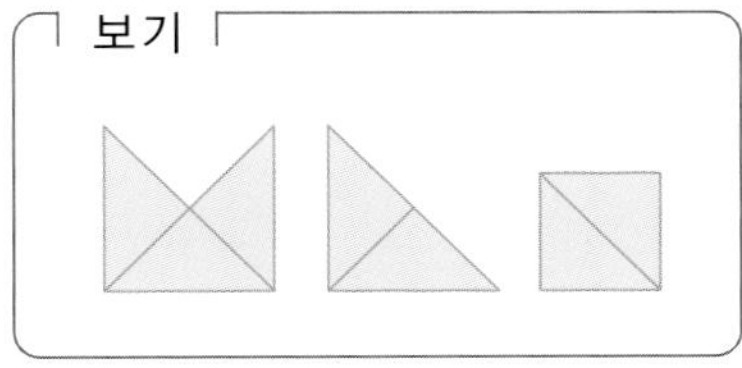

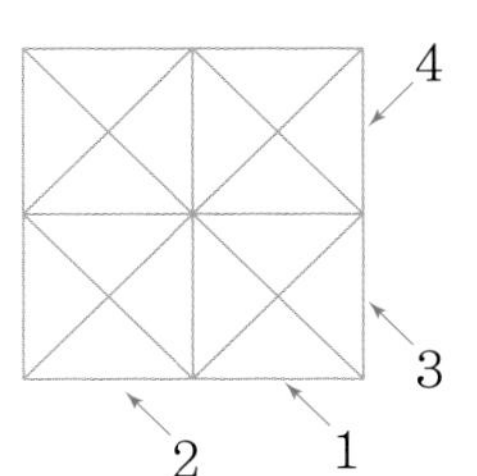

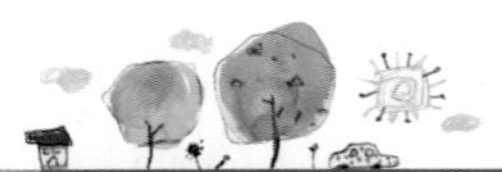

유형 04-2 선잇기 퍼즐

다음 | 보기 |와 같이 시작과 끝을 선으로 연결하여 선잇기 퍼즐을 완성하시오.

보기

- 사각형의 밖의 숫자는 각각의 숫자가 쓰인 줄에 선이 지나가는 칸의 개수를 나타냅니다.
- 가로나 세로 방향으로만 선을 그을 수 있고, 선은 만나거나 겹칠 수 없습니다.

	2	2	3
3	시작		
3			
1			끝

	1	1	6	5	3	3
6	시작					
4						
2						
2						
1						
4						끝

1 가로, 세로의 주어진 숫자를 보고 선이 지나가는 칸은 ○표, 지나가지 않는 칸은 ×표로 나타내시오.

	1	1	6	5	3	3
6	시작					
4						
2						
2						
1						
4						끝

2 ○표 한 칸을 한 번씩만 통과하도록 시작과 끝을 선으로 연결하시오.

	1	1	6	5	3	3
6	시작					
4						
2						
2						
1						
4						끝

1 다음의 선잇기 퍼즐을 완성하시오.

	5	5	6	1	1	6
4	시작					끝
4						
2						
4						
4						
6						

Key Point

선이 반드시 지나가는 칸과 지나가지 않는 칸을 각각 ○, ×로 나타내어 봅니다.

2 다음 |규칙|에 맞게 숫자와 ★을 선으로 연결하시오.

규칙

- 숫자에서 ★ 숫자만큼의 칸을 지나 선으로 연결합니다. 칸을 셀 때에는 숫자가 있는 칸은 포함하지 않고, ★이 있는 칸만 개수에 포함합니다.
- 선은 가로, 세로 방향으로만 연결할 수 있고, 선끼리는 겹치지 않습니다.
- 모든 칸에는 선이 지나가거나 숫자 또는 ★이 있어야 합니다.

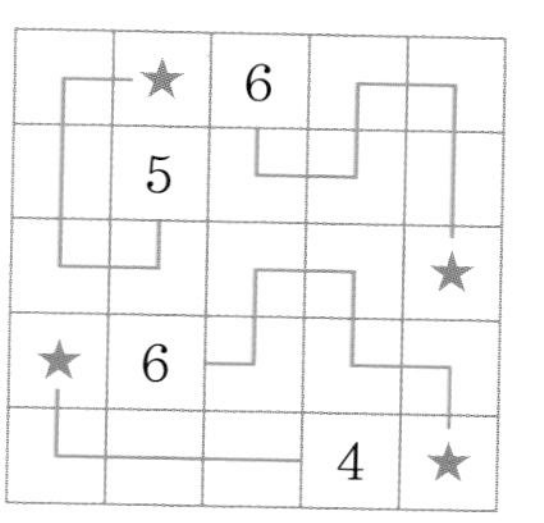

5	★			
		★	★	5
	6			
		5	★	

맨 아랫줄의 숫자 5를 연결한 다음, 숫자 6을 연결해 봅니다.

창의사고력 다지기

1 다음 |규칙|에 맞게 스도쿠 퍼즐을 완성하시오.

> 규칙
> - 각 가로줄과 세로줄에 1에서 6까지의 숫자가 한 번씩만 들어갑니다.
> - 굵은 선으로 둘러싸인 작은 직사각형 안에도 1에서 6까지의 숫자가 한 번씩만 들어갑니다.

				3	
3	5		2		4
1		3	4	5	
	2	4	3		6
6		2		4	
	3				

2 다음 |보기|와 같이 주어진 수는 그 수를 둘러싼 4개의 점을 연결하고 있는 선분의 개수를 나타냅니다.

보기

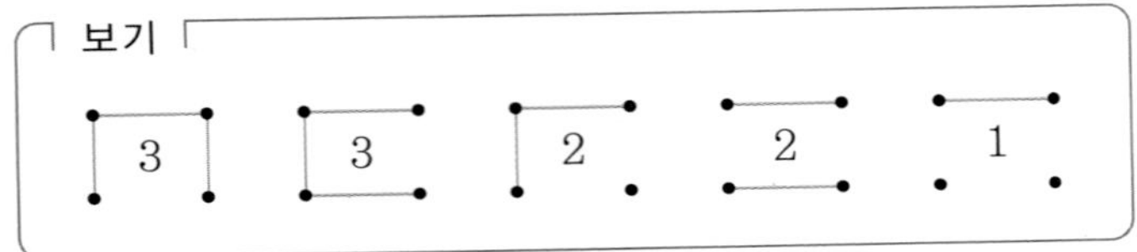

이와 같은 방법으로 점과 점을 선분으로 이어 시작점과 끝점을 연결하시오.

2	3	2	3	2
2	3	0	2	2
2	2	2	2	2
2	2	1	2	1
0	2	3	3	3

3 다음 규칙에 맞게 연산 퍼즐을 완성하시오.

규칙

- 색칠한 삼각형 안의 수는 삼각형의 오른쪽 또는 아래쪽으로 쓰인 수들의 합을 나타냅니다.
- 빈 칸에는 1에서 9까지의 숫자만 넣을 수 있습니다.
- 삼각형과 연결되어 있는 한 줄에는 같은 숫자를 넣을 수 없습니다.

		10	4
	6 \ 3	2	1
6	2	1	3
4	1	3	5
12	3	4	5

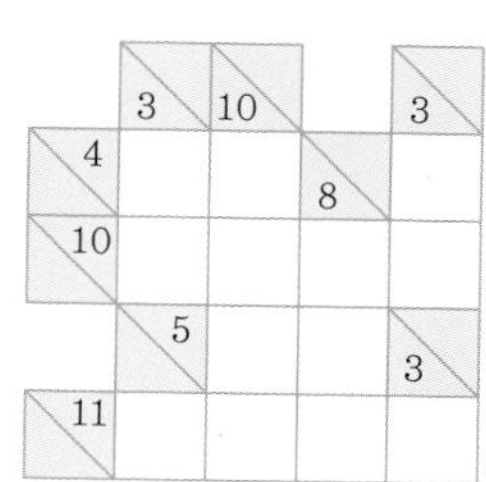

4 다음 규칙에 맞게 블록 퍼즐을 완성하시오.

규칙

- 모든 가로줄과 세로줄에는 1에서 4까지의 수가 한 번씩만 들어갑니다.
- 굵은 선으로 둘러싸인 블럭 안에 쓰여 있는 수는 각각의 블록 안에 들어가는 수들의 합을 나타냅니다.
- 굵은 선으로 둘러싸인 블럭 안에 같은 수가 들어가지 않습니다.

(7) 3	4	(9) 2	(7) 1
(3) 1	3	4	2
2	(4) 1	3	4
(6) 4	2	(4) 1	3

(6)	(9)		
		(6)	(7)
(5)			
(7)			

05 모빌

개념학습 무게 순서 정하기

① 양팔 저울에 물건을 달아 무게의 순서를 구할 때는 무게가 다른 물건을 하나씩 비교하여 가장 무거운 것부터 찾아냅니다.

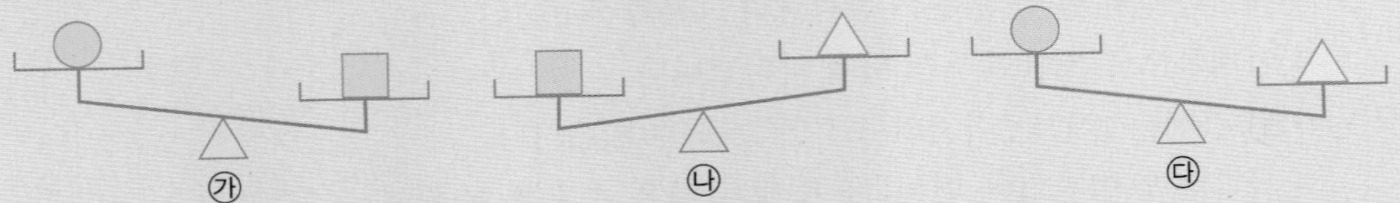

➡ 가장 무거운 물건부터 나열하면 □, △, ○입니다.

② 무게가 다른 물건이 여러 개 있을 때에는 하나의 물건을 기준으로 하여 다른 물건의 무게를 나타냅니다.

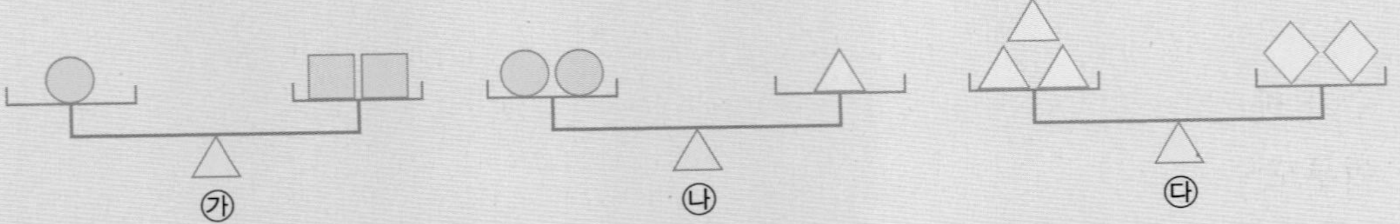

➡ 저울 ㉮, ㉯에서 △는 □ 4개의 무게와 같고, 저울 ㉰에서 △ 1개를 □ 4개로 바꾸면 ◇는 □ 6개와 같습니다.

따라서 가장 무거운 물건부터 나열하면 ◇, △, ○, □ 입니다.

예제 ㉠, ㉡, ㉢ 세 개의 사과를 양팔저울에 달았더니 다음과 같았습니다. 무거운 사과부터 차례로 기호를 쓰시오.

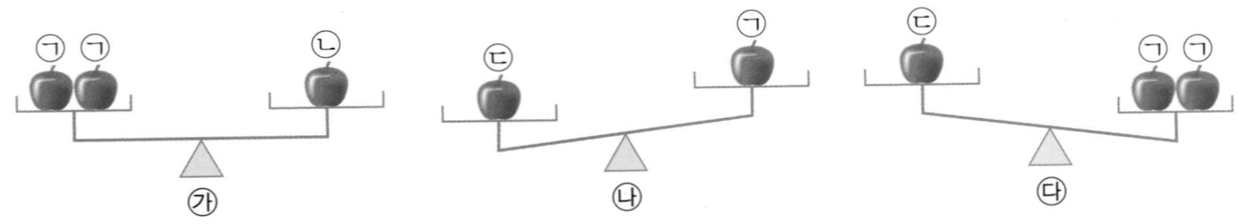

강의노트

① 저울 ㉮에서 ㉡은 ㉠ □개의 무게와 같습니다.

② 저울 ㉰에서 ㉢은 ㉠ 2개보다 (가벼 , 무거)우므로 ㉡은 ㉢보다 (가볍습니다, 무겁습니다.)

따라서 가장 무거운 사과는 □입니다.

③ 저울 ㉯에서 ㉠, ㉢ 중 □이 무겁습니다. 따라서 둘째 번으로 무거운 사과는 □입니다.

④ 따라서 가장 무거운 사과부터 차례로 기호를 쓰면 □, □, □입니다.

개념학습 ## 모빌 만들기

① 모빌은 중심점에서 모빌까지의 거리와 모빌의 무게와의 곱이 같으면 평형을 이룹니다.

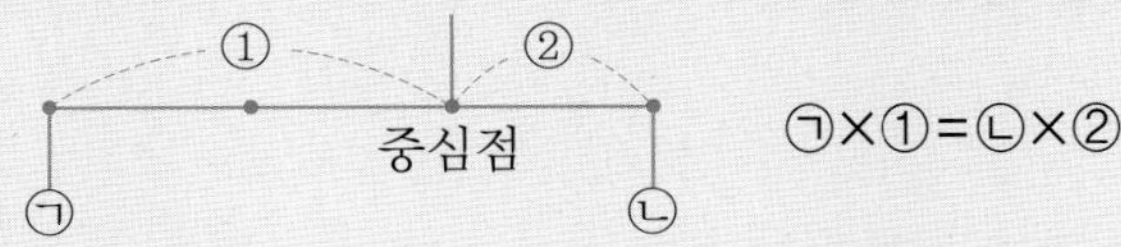

㉠×①=㉡×②

② 모빌을 만들 때에는 아래에 있는 모빌부터 차례로 평형을 만들어 갑니다.

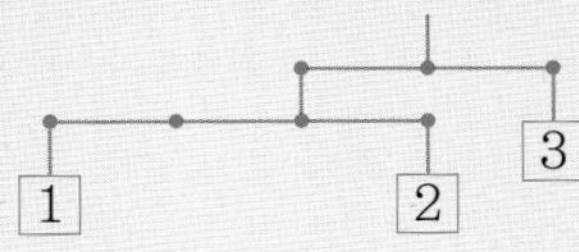

예제 오른쪽과 같이 간단한 모빌을 만들었습니다. □ 안의 수가 매달려 있는 물건의 무게일 때, 이 모빌이 균형을 이루도록 알맞은 수를 구하시오.

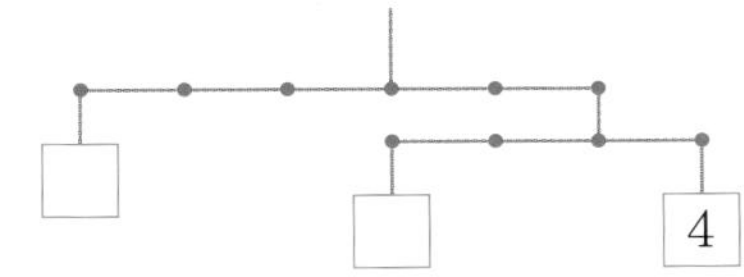

강의노트

① 아래에 있는 모빌이 평형을 이루려면 중심점에서 모빌까지의 거리와 모빌의 무게와의 곱이 같아야 하므로 ■×2=4×1, ■=□입니다.

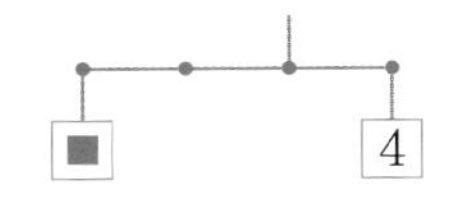

② 위에 있는 모빌의 경우 ㉠의 무게는 아래에 있는 두 무게의 합과 같으므로 ㉠=□입니다.

평형을 이루려면 ▲×3=2×㉠이므로 ▲=□입니다.

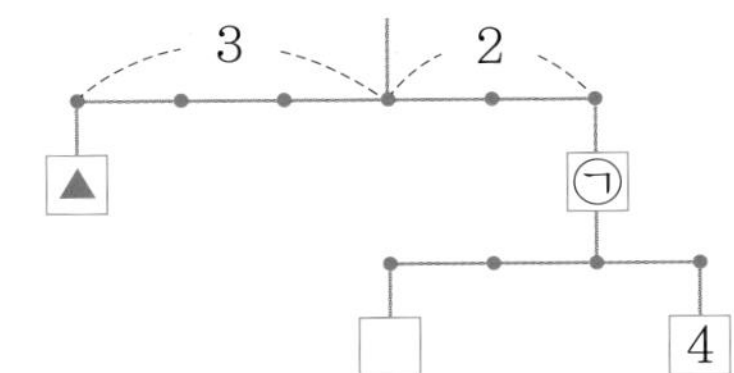

유제 진수는 간단한 모빌을 만들어 물건 ㉮, ㉯, ㉰를 달았더니 모빌이 평형을 이루었습니다. ㉮의 무게가 2g일 때, ㉰의 무게를 구하시오.

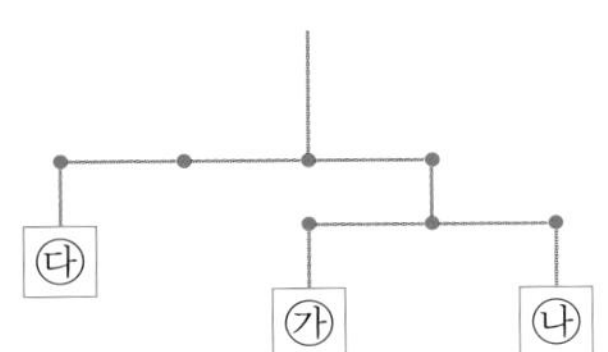

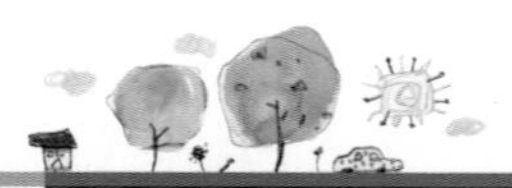

유형 05-1 무게의 순서

그림과 같이 양팔 저울 위에 여러 가지 학용품을 올려놓아 무게를 비교하였습니다. 가장 무거운 학용품부터 차례로 쓰시오.

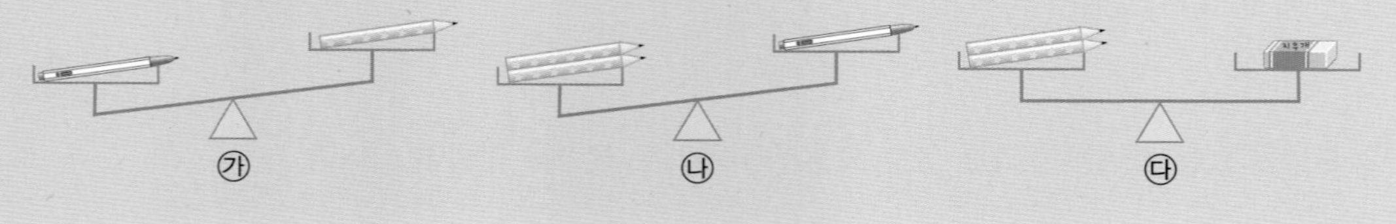

1 저울 ㉯와 저울 ㉰를 보면 볼펜, 연필, 지우개 중에서 가장 무거운 것은 무엇입니까?

2 저울 ㉮에서 둘째 번으로 무거운 학용품은 무엇입니까?

3 가장 무거운 학용품부터 차례로 쓰시오.

4 그림과 같이 딱풀의 무게를 비교하기 위해 양팔 저울 위에 올려놓았습니다. 딱풀은 3가지 학용품 중 몇째 번으로 무겁습니까?

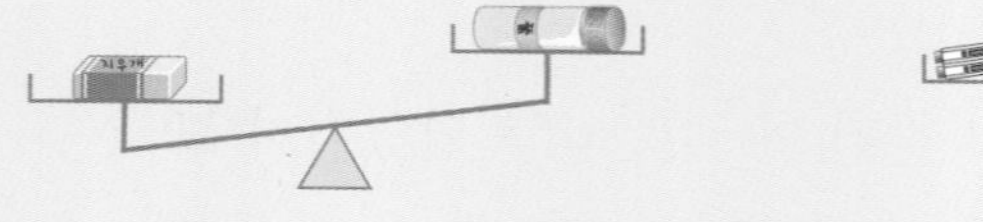

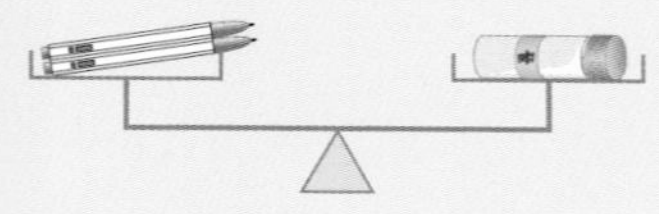

Key Point

저울 ㉯의 두 접시 중 한 곳에 가장 무거운 것과 가장 가벼운 것이 동시에 올려져 있습니다.

1 그림과 같이 무게가 서로 다른 4개의 구슬의 무게를 알아보기 위해 저울 위에 구슬을 올려놓았습니다. 가장 무거운 구슬부터 차례로 기호를 쓰시오.

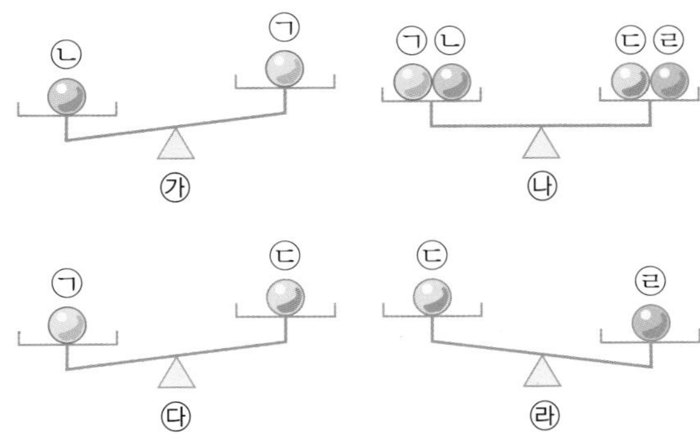

양쪽 접시에 같은 과일은 지우고 저울 ㉯에서 무게가 같은 과일을 찾아봅니다.

2 다음 그림은 사과, 귤, 키위의 무게를 비교하기 위해 저울 위에 올려 놓은 것입니다. 가장 무거운 과일부터 순서대로 쓰시오.

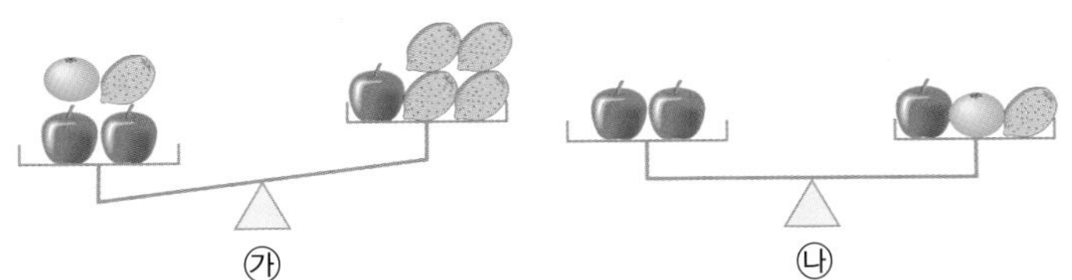

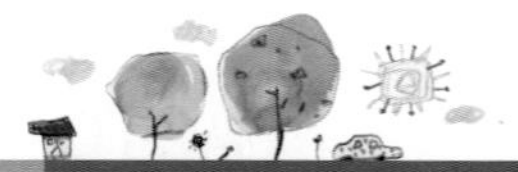

유형 05-2 모빌 만들기

다음과 같은 모양의 모빌을 만들었습니다. ㉮, ㉯, ㉰, ㉱의 무게는 1g, 2g, 3g, 4g으로 서로 다를 때, ㉮, ㉯, ㉰, ㉱의 무게를 각각 구하시오. (단, 모빌의 막대나 줄의 무게는 생각하지 않습니다.)

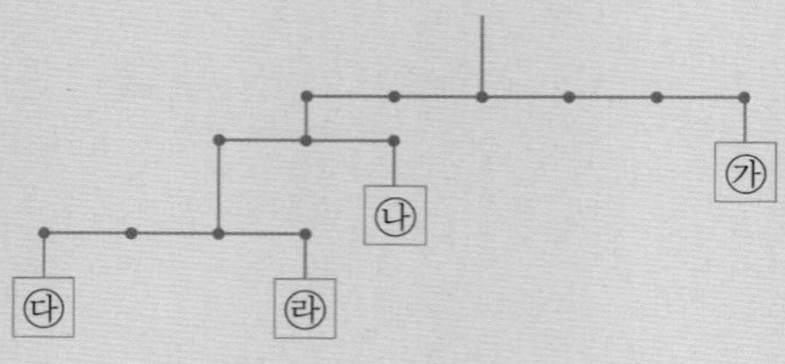

1 가장 아래 모빌에서 ㉰의 무게와 ㉱의 무게를 비교하여 다음 식의 □ 안에 알맞은 수를 써넣으시오.

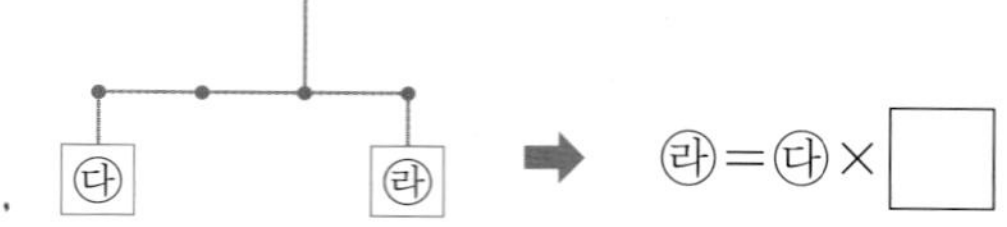

2 1g, 2g, 3g, 4g 중 ㉰의 무게와 ㉱의 무게로 가능한 경우를 모두 써 보시오.

3 ㉰, ㉱의 무게의 합과 ㉯는 중심점과의 거리가 같으므로 무게가 같습니다. ㉯, ㉰, ㉱의 무게는 각각 몇 g입니까?

㉰+㉱　㉯

4 모빌의 가장 윗부분도 평형을 이루므로 식을 세우면 다음과 같습니다. ㉮의 무게를 구하시오.

(㉯+㉰+㉱)×2=㉮×3

1 다음 모빌에서 ㉮의 무게를 구하시오. (단, 모빌의 막대나 줄의 무게는 생각하지 않습니다.)

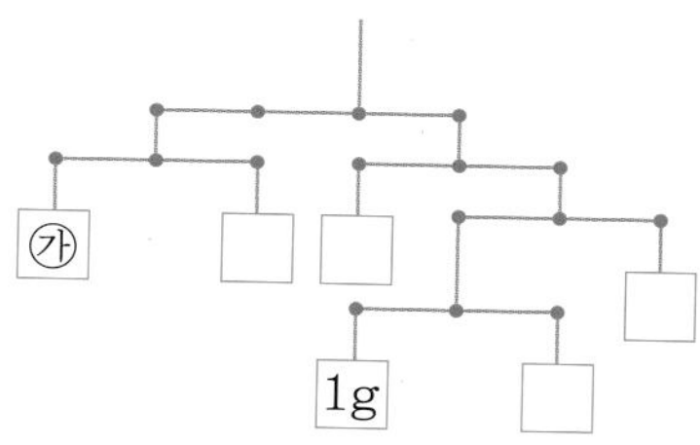

Key Point

모빌이 평형을 이루면 중심점과의 거리와 무게의 곱이 같습니다.

2 무게가 1g, 2g, 3g, 4g인 추를 모두 한 번씩 사용하여 다음 그림과 같이 저울의 평형을 유지하려고 할 때, ㉮에 알맞은 무게를 구하시오.

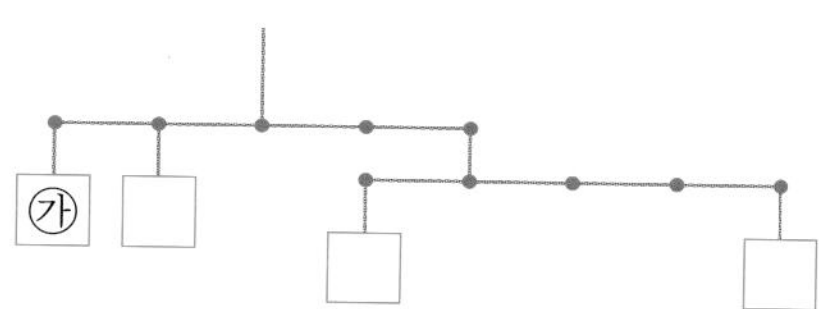

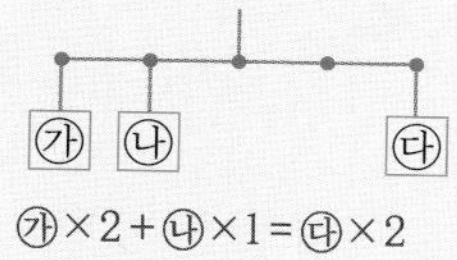

㉮×2+㉯×1=㉰×2

창의사고력 다지기

1 서로 무게가 다른 4개의 사과가 있습니다. 이 사과 4개에 번호를 붙여서 무게를 재었더니 그림과 같았습니다. 사과 4개의 무게 순서를 알아내려면 양팔 저울로 한 번 더 무게를 재어야 하는 사과는 몇 번과 몇 번입니까?

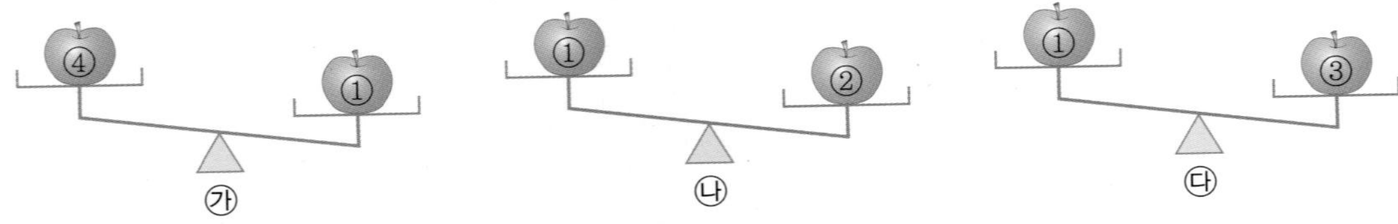

2 재희, 영주, 상훈, 용석 네 사람이 시소를 타고 있습니다. 서로 번갈아 가며 시소에 올랐더니 다음과 같이 기울어졌습니다. 무거운 사람부터 차례로 이름을 쓰시오.

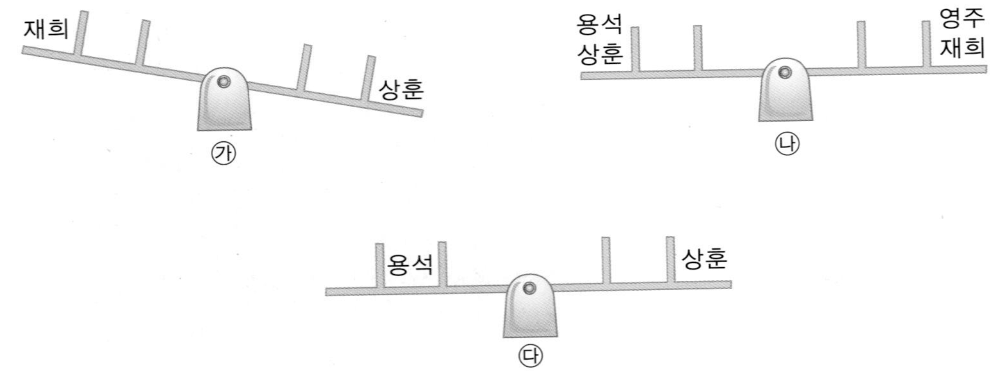

3 다음과 같이 같은 종류의 연필, 볼펜, 지우개, 공책을 양팔 저울에 평형을 이루게 달았습니다. 무거운 물건부터 순서대로 나열하고, 공책 4권은 볼펜 몇 자루의 무게와 같은지 쓰시오.

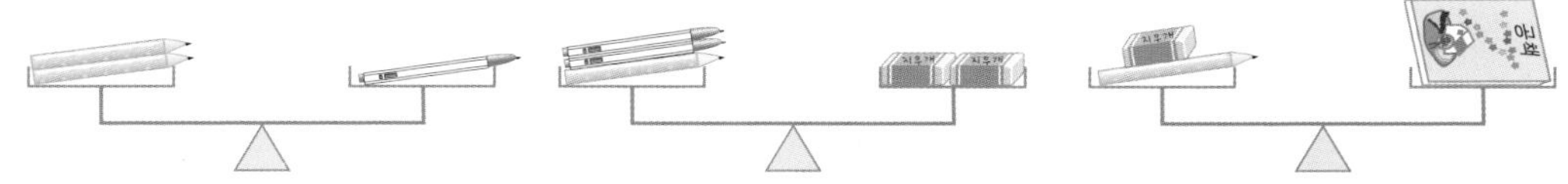

4 무게가 1g, 2g, 3g, 4g, 5g, 6g인 추를 모두 한 번씩 사용하여 다음 그림의 빈 칸을 채워 저울의 평형을 유지하려고 합니다. ㉮에 알맞은 수를 구하시오. (단, 모빌의 막대나 줄의 무게는 생각하지 않습니다.)

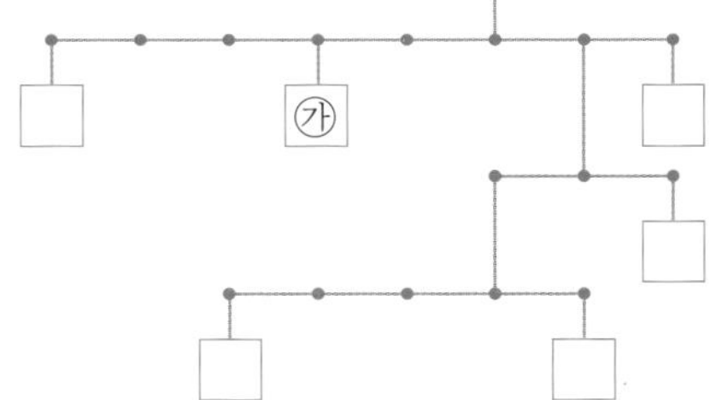

06 가짜 금화와 저울

개념학습 가짜 금화와 저울

① 모양이 같은 여러 개의 금화 중 무게가 다른 가짜 금화를 찾는 문제를 가짜 금화 찾기라고 합니다. 가짜 금화는 눈으로 보아서는 알 수 없지만 무게가 다르기 때문에 양팔 저울을 이용하여 찾을 수 있습니다.

② 3개의 금화 (1 , 2 , 3)중에서 하나의 가짜 금화가 가볍다고 할 때, 양팔 저울에 금화 ①, ②를 양쪽 접시에 올리면 다음과 같은 세 가지 경우가 나옵니다.

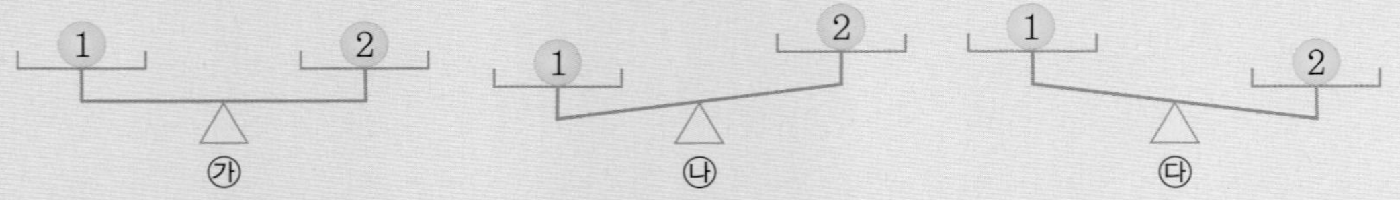

저울 ㉮의 경우 가짜 금화는 3 번 금화이고, 저울 ㉯는 2 번, 저울 ㉰는 1 번이 가짜 금화입니다.

예제 8개의 금화 중 한 개는 무게가 무거운 가짜 금화이고 나머지는 진짜 금화입니다. 다음 그림을 보고, 가짜 금화를 찾아보시오.

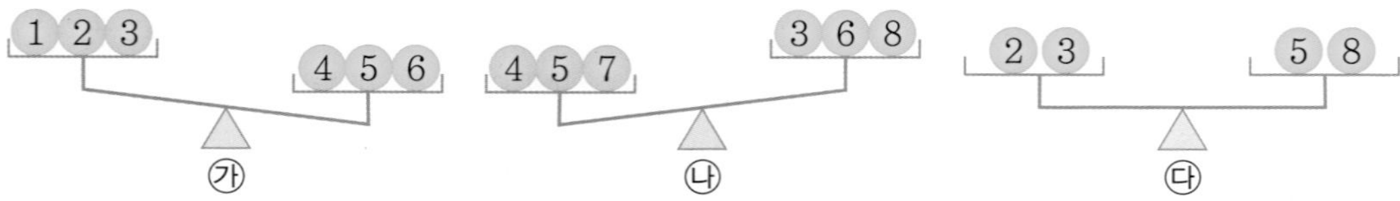

강의노트

① 저울 ㉮에서 가짜 금화는 ☐, ☐, ☐ 중의 하나입니다.

② 저울 ㉯에서 가짜 금화는 ☐, ☐, ☐ 중의 하나입니다.

③ 저울 ㉮와 저울 ㉯에서 공통인 가짜 금화는 ☐, ☐ 입니다.

④ 저울 ㉰에서 2, 3, 5, 8은 (가짜, 진짜) 금화입니다.

⑤ 따라서 가짜 금화는 ☐ 입니다.

유제 6개의 금화 중 무거운 가짜 금화가 하나 있습니다. 다음 그림을 보고, 가짜 금화를 찾아보시오.

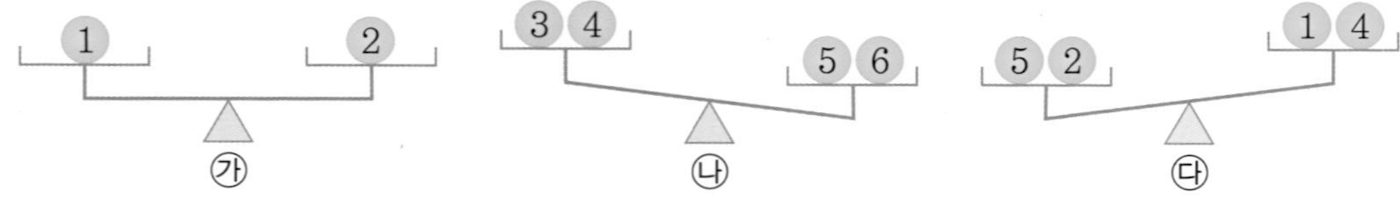

개념학습 양팔 저울의 최소 횟수

4개의 금화 중 가벼운 가짜 금화 1개가 있을 때, 양팔 저울에 금화 한 개씩을 올리면 다음과 같은 세 가지 경우가 나옵니다.

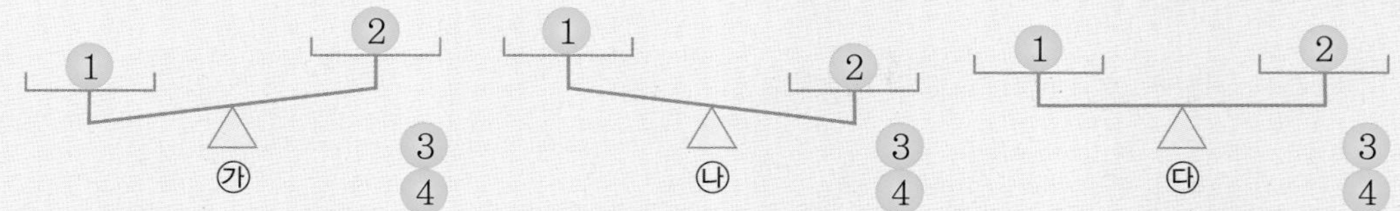

저울 ㉮의 경우 가짜 금화는 ②, 저울 ㉯의 경우 가짜 금화는 ①이고, 저울 ㉰의 경우 다시 ③, ④ 금화를 양팔 저울에 올려 가짜 금화를 찾아야 합니다. 이와 같이 4개의 금화 중 가벼운 가짜 금화 1개를 찾기 위해서는 양팔 저울을 2번만 사용하면 됩니다.

예제 9개의 금화 중 한 개는 무게가 무거운 가짜 금화이고, 나머지 8개는 서로 무게가 같은 진짜 금화입니다. 양팔 저울을 최소로 사용하여 가짜 금화를 찾으려면 양팔 저울을 몇 번 사용해야 합니까?

강의노트

① 9개의 금화를 다음과 같이 가, 나, 다 세 더미로 나눕니다.

가-(1 2 3) 나-(4 5 6) 다-(7 8 9)

② 세 더미 중 가와 나를 양팔 저울에 올리면 다음과 같은 세 가지 경우가 나옵니다.

: 가짜 금화는 ☐ 더미에 있습니다.

: 가짜 금화는 ☐ 더미에 있습니다.

: 가짜 금화는 ☐ 더미에 있습니다.

③ 가, 나, 다 모두 금화가 3개씩 있으므로 ②의 세 가지 경우 모두 양팔 저울을 ☐번만 더 사용하면 가짜 금화를 알 수 있습니다.

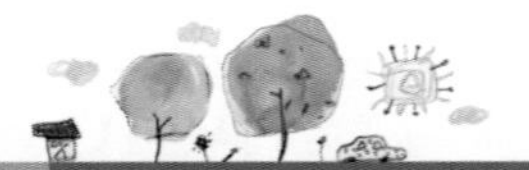

유형 06-1 양팔 저울의 최소 횟수

12개의 금화가 있는데 이 중 하나가 무게가 가벼운 가짜 금화입니다. 한 번 사용하는 데 요금이 1000원인 양팔 저울을 이용해서 가짜 금화를 찾으려고 할 때, 최소한 얼마의 돈이 필요합니까?

1 2 3 4 5 6

7 8 9 10 11 12

1 다음은 12개의 금화를 (1, 2, 3, 4), (5, 6, 7, 8), (9, 10, 11, 12) 세 더미로 나누고, 양팔 저울로 가벼운 가짜 금화를 찾는 과정을 나타낸 표입니다. 빈 칸을 채워 표를 완성하시오.

<table>
<tr><th>1회</th><th>2회</th><th>3회</th><th>가짜</th></tr>
<tr><td rowspan="4">①②③④<⑤⑥⑦⑧</td><td rowspan="2">①②<③④</td><td>①<②</td><td>①</td></tr>
<tr><td>①>②</td><td>②</td></tr>
<tr><td rowspan="2">①②>③④</td><td>③<④</td><td>③</td></tr>
<tr><td>③>④</td><td></td></tr>
<tr><td rowspan="4">①②③④>⑤⑥⑦⑧</td><td rowspan="2"></td><td></td><td></td></tr>
<tr><td></td><td></td></tr>
<tr><td rowspan="2"></td><td></td><td></td></tr>
<tr><td></td><td></td></tr>
<tr><td rowspan="4">①②③④=⑤⑥⑦⑧</td><td rowspan="2">⑨⑩<⑪⑫</td><td></td><td></td></tr>
<tr><td></td><td></td></tr>
<tr><td rowspan="2"></td><td></td><td></td></tr>
<tr><td></td><td></td></tr>
</table>

2 가짜 금화를 찾는 데 최소한 얼마의 돈이 필요합니까?

1 6개의 금화 중 무게를 모르는 한 개의 가짜 금화를 찾기 위해 세 더미로 나누어 양팔 저울에 달았더니 다음 그림과 같았습니다. 저울 ㉮를 보면 가짜 금화는 진짜 금화보다 무겁습니까, 가볍습니까?

Key Point

가짜 금화가 세 더미 중에 어디에 있는지 알면 무거운지 가벼운지 알 수 있습니다.

2 30개의 금화 중 무거운 가짜 금화가 한 개 있습니다. 양팔 저울을 사용하여 가짜 금화를 찾을 때, 최소한 몇 번 사용해야 합니까?

가짜 금화는 세 더미로 나누어서 찾습니다.

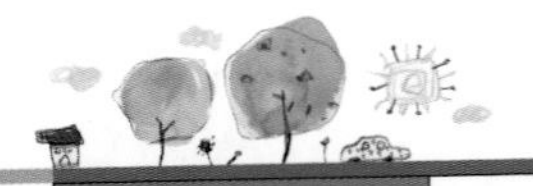

유형 O6-2 무게가 다른 구슬 찾기

8개의 구슬이 있습니다. 이 중에서 무게가 10g인 구슬이 1개, 12g인 구슬이 1개, 7g인 구슬이 6개입니다. 이 구슬을 양팔 저울에 올려 무게를 비교하였더니 다음과 같았습니다. 무게가 10g인 구슬과 12g인 구슬은 각각 몇 번입니까?

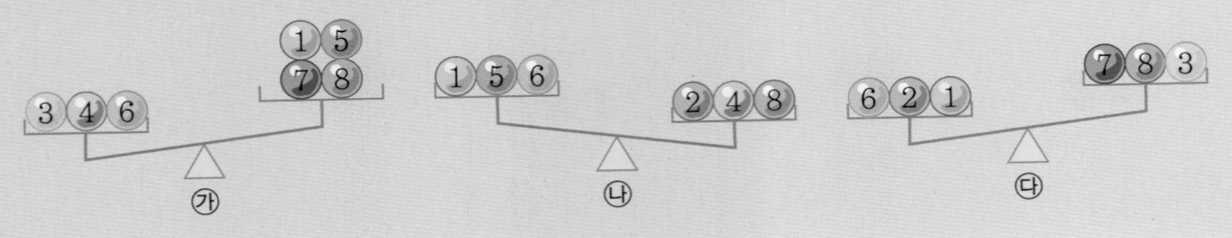

1 ㉮ 저울를 보면 ③, ④, ⑥ 세 개의 구슬의 무게의 합이 ①, ⑤, ⑦, ⑧ 네 개의 구슬의 무게의 합보다 무겁습니다. 이 때, ①, ⑤, ⑦, ⑧ 무게의 합은 몇 g입니까?

2 ㉮ 저울에서 왼쪽 접시에 있는 구슬의 무게를 각각 알 수는 없지만 몇 g짜리 구슬이 저울 위에 있는지는 알 수 있습니다. ㉮ 저울의 왼쪽 접시에 있는 구슬의 무게를 쓰시오.

3 ㉮ 저울을 보고, 무게가 7g인 구슬 5개를 알 수 있습니다. 무게가 7g인 구슬 5개의 번호를 쓰시오.

4 저울 ㉯와 저울 ㉰에서 무게가 7g인 구슬을 양쪽 접시에서 2개씩 내려 놓았을 때, □ 안에 접시 위에 남는 구슬의 번호를 쓰시오.

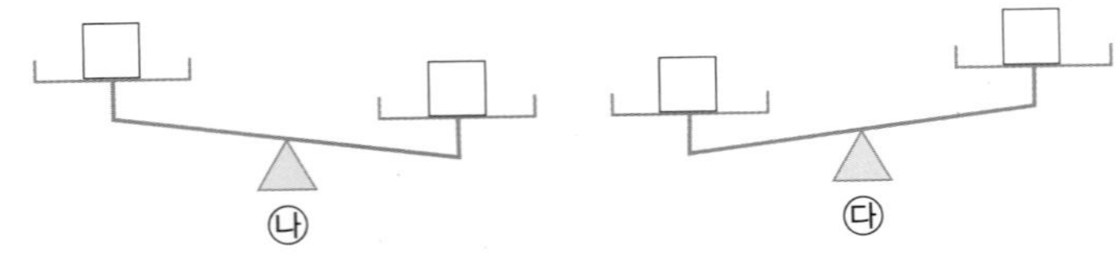

5 **4**에서 남은 구슬을 무거운 순서대로 번호를 쓰시오.

6 무게가 10g인 구슬과 12g인 구슬은 각각 몇 번입니까?

확인문제

◦ Key Point

양쪽 접시에 올린 구슬의 개수로 다른 저울의 무게를 예상해 봅니다.

1 10개의 구슬이 있습니다. 이 중에서 무게가 18g인 구슬이 1개, 13g인 구슬이 1개, 10g인 구슬이 8개입니다. 이 구슬의 무게를 비교하였더니 다음 그림과 같았습니다. 무게가 18g인 구슬은 몇 번입니까?

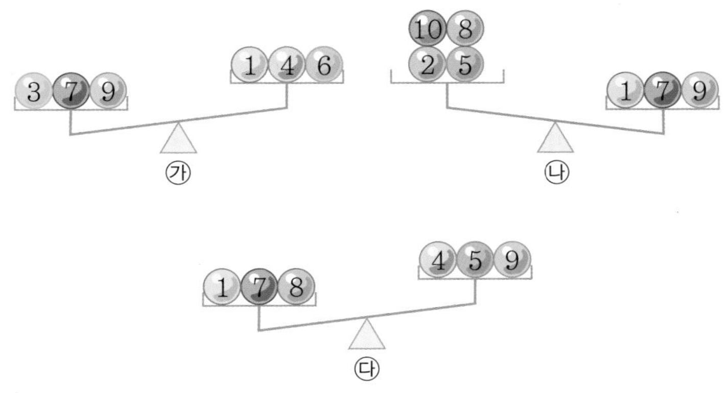

가벼운 쪽으로 기울어진 접시에 있는 금화는 모두 가벼운 금화입니다.

2 모양이 같은 10개의 금화가 있습니다. 이 중 8개가 무게가 같고, 나머지 2개도 무게가 같지만 8개보다는 무겁습니다. 다음 그림을 보고, 무게가 무거운 금화 두 개를 찾으시오.

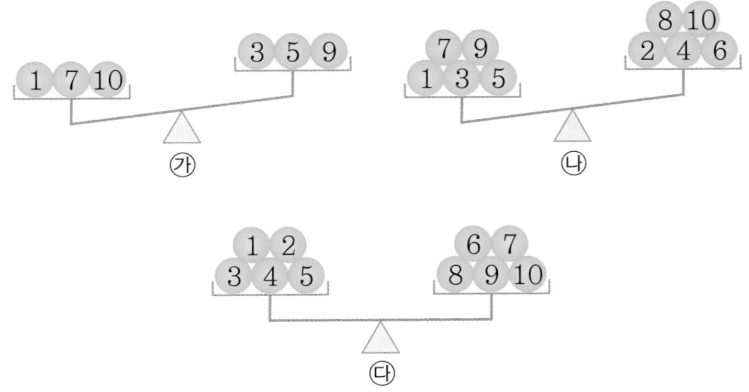

창의사고력 다지기

1 27개의 알약이 있는데, 이 중 한 개는 다른 것보다 무거운 약입니다. 양팔 저울을 사용하여 무거운 약 하나를 찾으려고 할 때, 양팔 저울을 최소한 몇 번 사용해야 합니까?

2 5개의 반지를 만들었는데, 그 중 한 개는 무게가 다른 불량품입니다. 이 불량품 반지의 무게가 무거운지 가벼운지는 알 수 없습니다. 기준이 되는 정상 무게인 반지 1개와 양팔 저울을 이용하여 불량 반지를 찾을 때, 양팔 저울을 최소로 사용하면 2번만에 찾을 수 있습니다. 다음 그림은 불량 반지를 찾기 위해 양팔 저울을 두 번 사용한 것입니다. 불량 반지는 몇 번입니까?

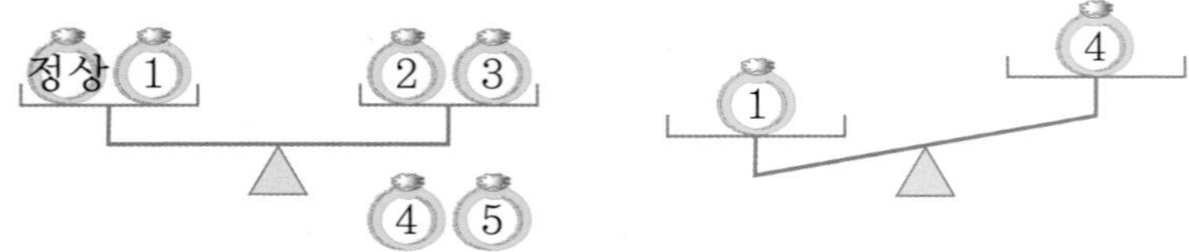

개념학습 투명 정육면체

다음 그림은 투명한 정육면체에 빨간색 선을 그은 후, 앞과 위에서 본 모양을 나타낸 것입니다.

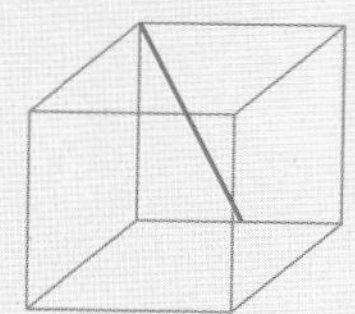

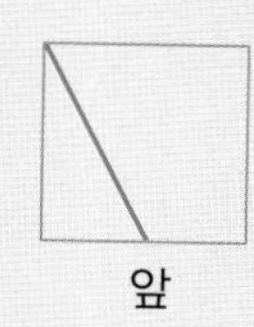

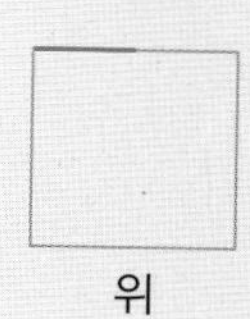

앞에서 본 모양만 볼 때에는 선의 위치를 정확하게 알 수 없지만 위에서 본 모양의 뒤쪽에 빨간색 선이 보이므로 빨간색 선은 뒷면에 그려진 것임을 알 수 있습니다.
투명한 정육면체를 한쪽 면에서만 보면, 그려진 선의 위치를 정확하게 알 수 없으므로 서로 다른 면에서 본 모양을 관찰해야 합니다.

예제 한 모서리의 길이가 8cm이고 투명한 정육면체의 앞면과 뒷면에 각각 직사각형과 삼각형을 그린 후 색칠했습니다. 이 정육면체를 앞에서 볼 때, 색칠된 부분의 넓이를 구하시오.

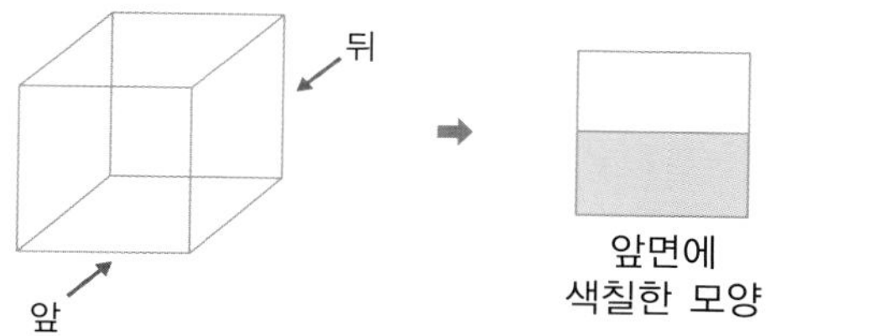

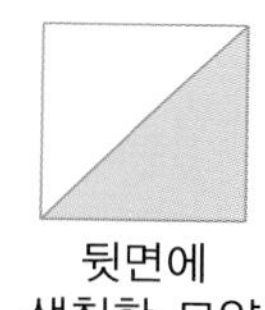

강의노트

① 앞면의 색칠된 직사각형의 넓이는 ☐ cm^2입니다.

② 뒷면의 색칠된 삼각형의 넓이는 ☐ cm^2입니다.

③ 앞에서 봤을 때 색칠된 부분은 오른쪽 그림과 같으므로 넓이는 ☐ cm^2입니다.

유제 투명한 정육면체의 앞면과 뒷면에 각각 다음과 같이 색칠했습니다. 이 정육면체를 앞에서 볼 때, 색칠된 부분은 정육면체의 한 면의 몇 분의 몇입니까?

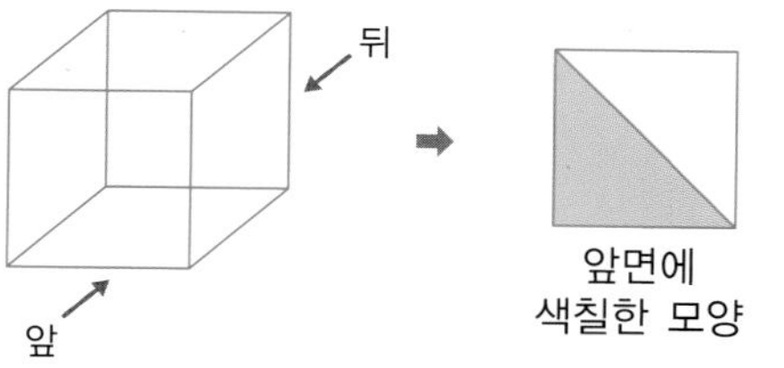

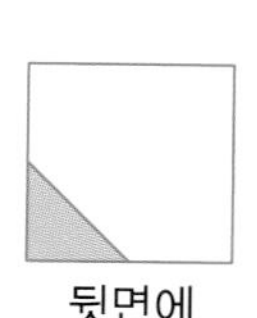

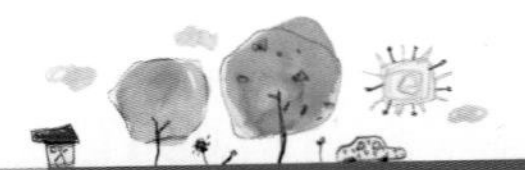

유형 07-1 겨냥도 찾기

어떤 입체도형의 두 방향에서 각각 빛을 비추어 벽에 나타난 그림자가 다음과 같습니다. 이 입체도형으로 가능한 것을 고르시오.

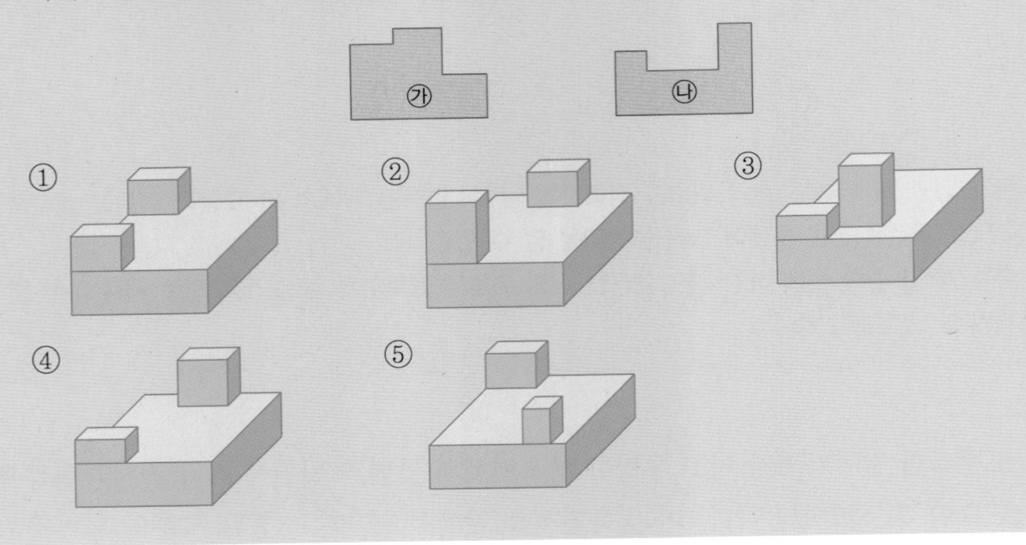

1 빛을 앞, 뒤, 오른쪽 옆, 왼쪽 옆에서 각각 비추었을 때, ㉮ 모양이 나오는 입체도형은 어느 것입니까?

2 ㉯ 모양이 나오는 입체도형은 어느 것입니까?

3 ㉮와 ㉯를 모두 만족하는 입체도형은 어느 것입니까?

4 3에서 찾은 입체도형에서 ㉮가 앞에서 본 것이라면 ㉯는 어느 방향에서 본 것입니까?

확인문제

1 다음은 어떤 입체도형을 위, 앞에서 본 모양입니다. 이 입체도형의 겨냥도를 그리시오.

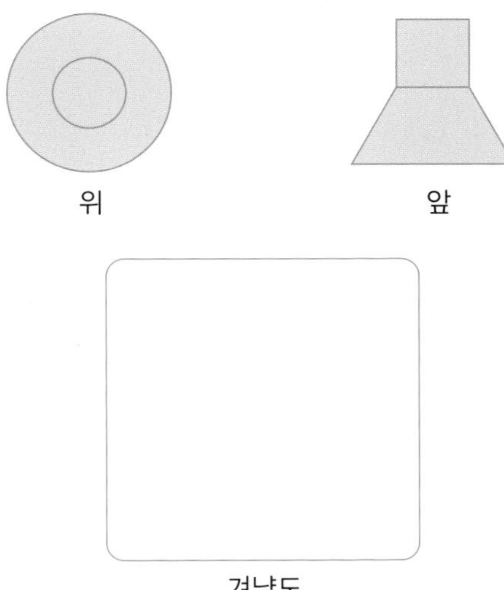

Key Point

아랫부분의 모양은 원뿔대입니다.

2 다음은 어떤 입체도형을 위, 앞, 옆에서 본 모양입니다. 이 입체도형의 겨냥도를 그리시오.

위에 올려 놓은 도형은 위, 앞, 옆에서 보았을 때 정사각형 모양입니다.

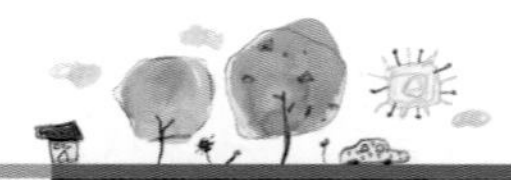

유형 07-2 투명 정육면체 쌓기

투명한 정육면체와 색칠된 정육면체를 합하여 8개 쌓았습니다. 이 입체도형을 위, 앞, 옆에서 본 모양을 각각 그리시오.

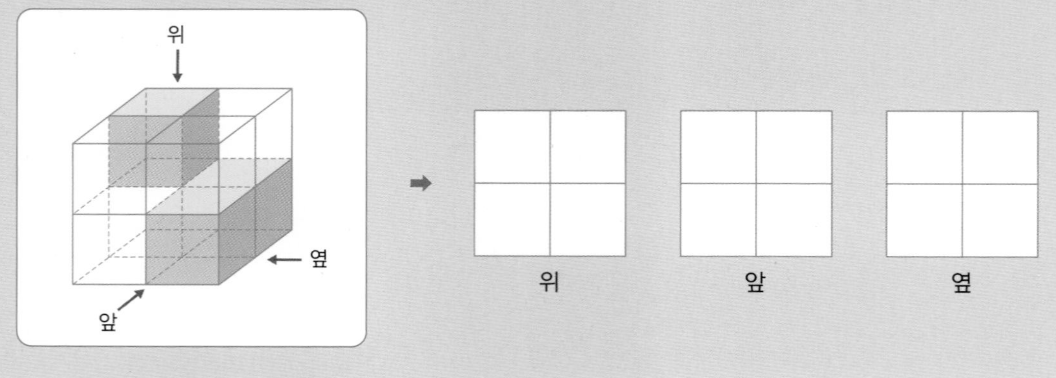

1 8개의 정육면체 중 색칠된 정육면체는 몇 개입니까?

2 위, 앞, 옆에서 본 모양 중 색칠된 정육면체가 2개로 보이는 것은 어느 방향입니까?

3 위, 앞, 옆에서 본 모양을 각각 그리시오.

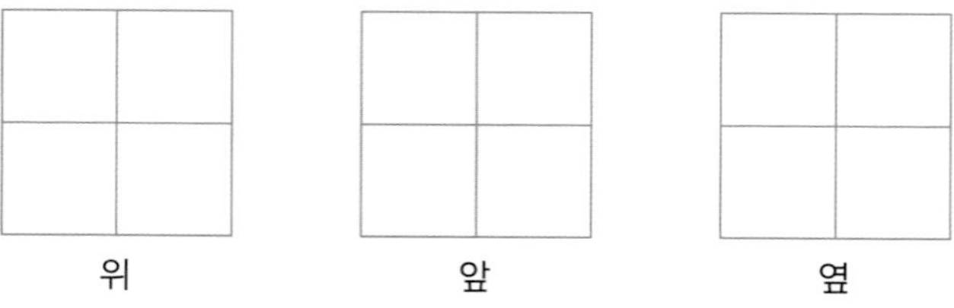

1 다음은 투명한 정육면체 8개와 색칠된 정육면체 4개를 쌓은 모양입니다. 이 직육면체를 위, 앞, 옆에서 본 모양을 각각 그리시오.

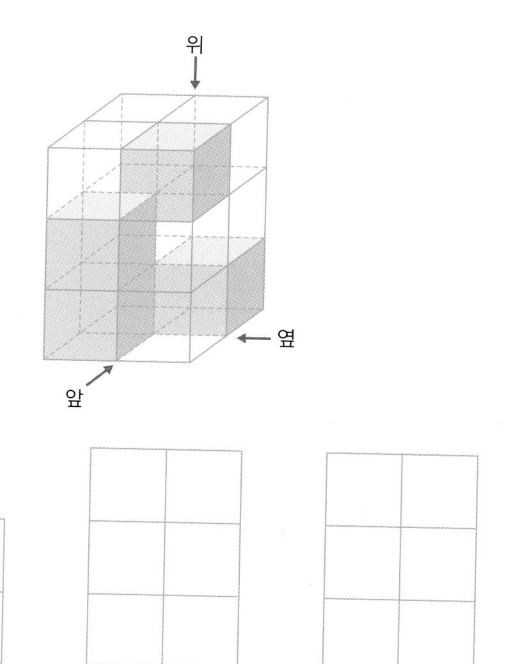

Key Point

겹쳐 보이는 것은 하나로 생각합니다.

2 투명한 필름 위에 다음과 같이 정육면체의 전개도를 그린 후 정육면체를 만들었습니다. ㉠을 앞면으로 했을 때, 앞과 오른쪽 옆에서 본 모습을 각각 그리시오.

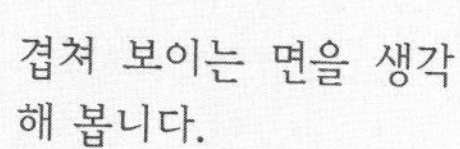

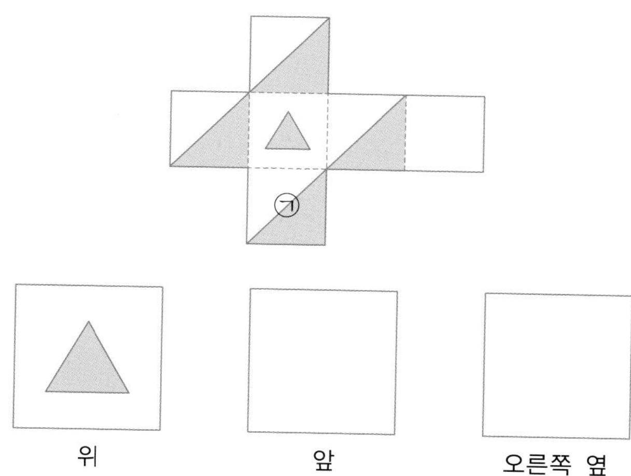

창의사고력 다지기

1 다음 중 정육면체를 여러 방향에서 보았을 때 나올 수 없는 모양을 고르시오.

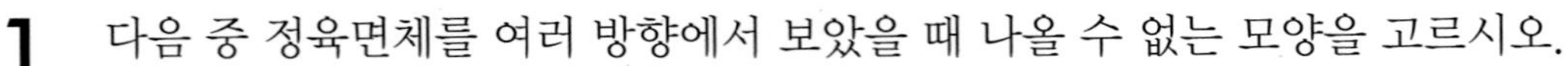

① 

② 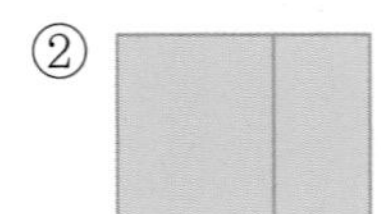

③ 

④ 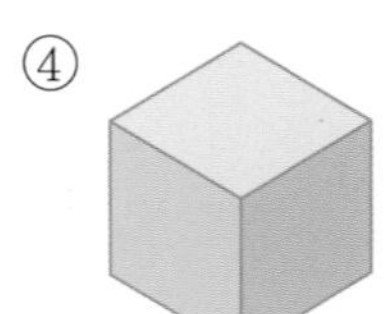

⑤

2 다음 입체도형을 위, 앞, 옆에서 본 모양을 각각 그리시오.

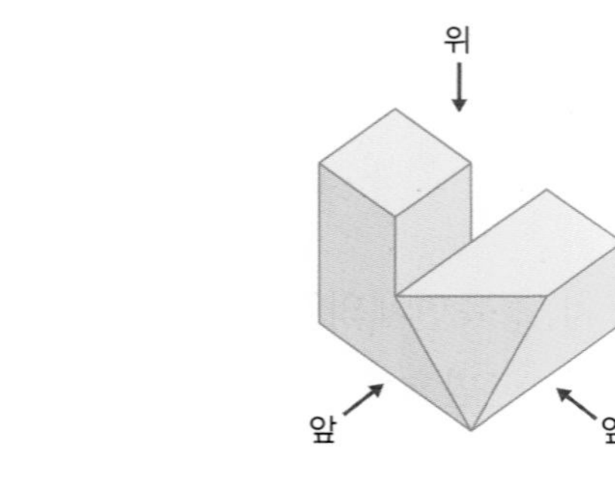

위

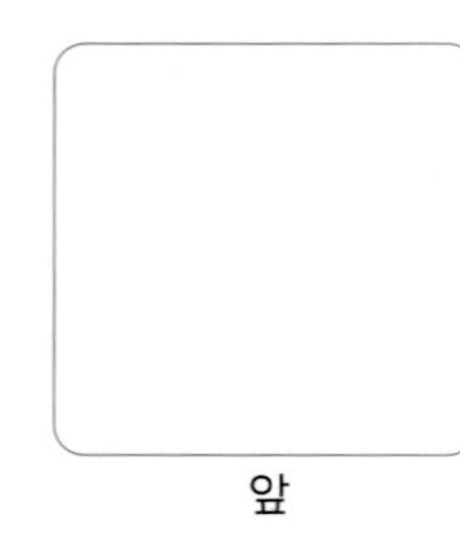

앞

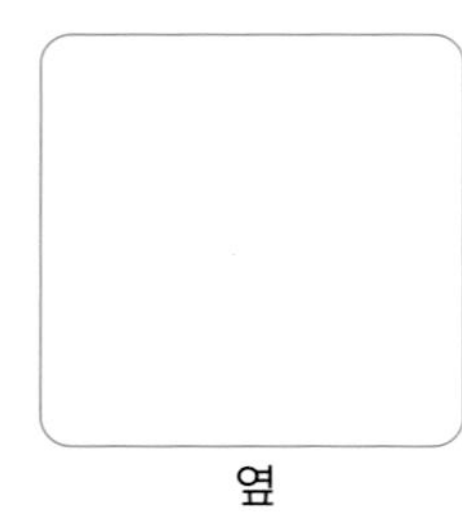

옆

3 다음은 투명한 정육면체 8개를 쌓고 그 중 2개를 색칠된 정육면체로 바꾼 것입니다. 위, 앞, 옆 어느 방향에서 바라보아도 4개의 색칠된 정육면체가 보이게 하려면 최소한 몇 개의 투명 정육면체를 색칠된 정육면체로 더 바꾸어야 합니까?

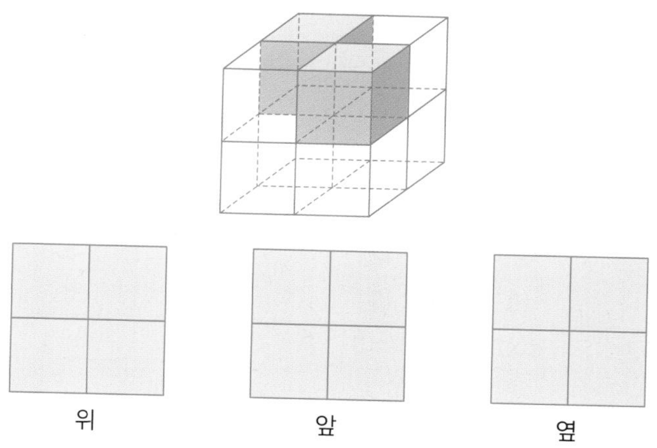

4 다음과 같이 투명 정육면체와 빨간색 정육면체 8개로 큰 정육면체를 만들었습니다. 이 때, 위, 앞, 오른쪽 옆에서 본 모양이 모두 같을 때, 빨간색 정육면체의 최소 개수를 구하시오.

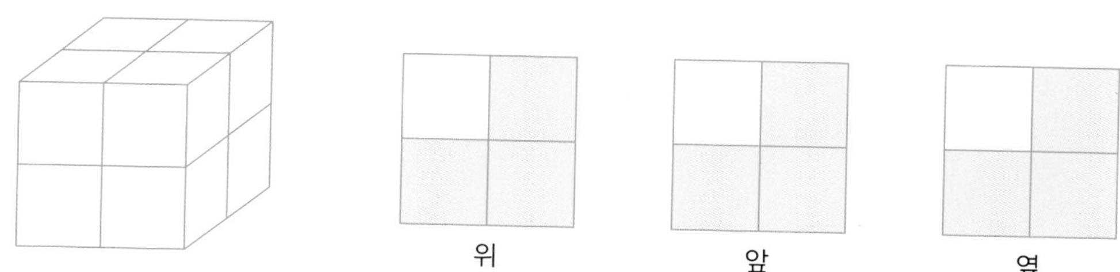

08 입체도형

개념학습 각기둥과 각뿔의 성질

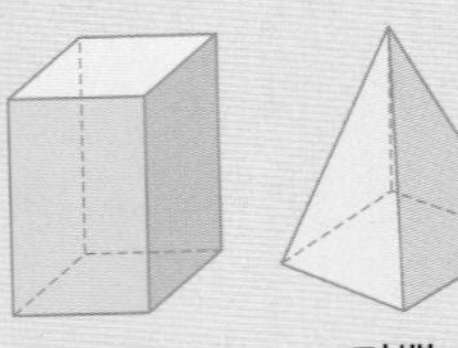

- 위와 아래에 있는 면이 서로 평행이고, 합동인 다각형으로 이루어진 입체도형을 각기둥이라고 합니다.
- 밑면이 다각형이고, 옆면이 모두 삼각형인 입체도형을 각뿔이라고 합니다.

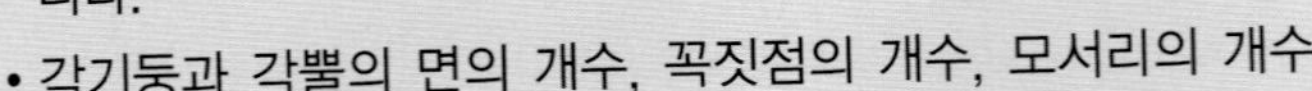

- 각기둥과 각뿔의 면의 개수, 꼭짓점의 개수, 모서리의 개수

	면(개)	꼭짓점(개)	모서리(개)
삼각기둥	5	6	9
사각기둥	6	8	12
오각기둥	7	10	15
■각기둥	■+2	■×2	■×3

	면(개)	꼭짓점(개)	모서리(개)
삼각뿔	4	4	6
사각뿔	5	5	8
오각뿔	6	6	10
■각뿔	■+1	■+1	■×2

예제 꼭짓점과 모서리의 합이 22개인 각뿔의 이름은 무엇입니까?

강의노트

① ▲각뿔의 꼭짓점의 수를 ▲를 사용한 식으로 나타내면 ▲+□입니다.

② ▲각뿔의 모서리의 수를 ▲를 사용한 식으로 나타내면 ▲×□입니다.

③ ▲각뿔의 (꼭짓점의 수)+(모서리의 수)=▲+□+▲×□=22이므로 ▲=□입니다.

④ 따라서 ▲각뿔의 밑면의 변의 개수는 □개이므로 이 입체도형의 이름은 □입니다.

유제 다음 그림은 어떤 각뿔의 밑면의 모양입니다. 이 각뿔의 모서리, 꼭짓점, 면의 수의 합을 구하시오.

개념학습 **정다면체**

① 모든 면이 합동인 정다각형으로 이루어져 있고, 한 꼭짓점에 모인 면의 개수가 같은 입체도형을 정다면체라고 합니다.

② 정다면체는 다음과 같이 다섯 가지입니다.

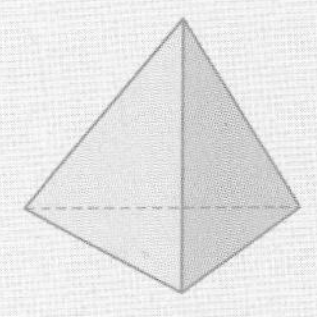
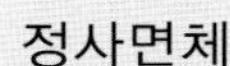
정사면체

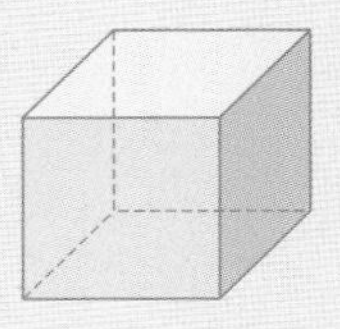
정육면체

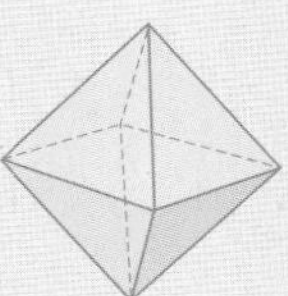
정팔면체

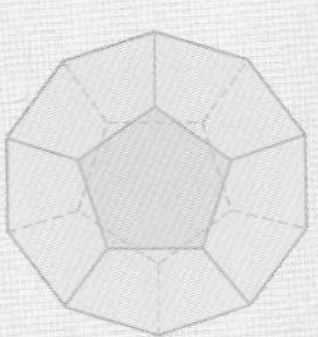
정십이면체

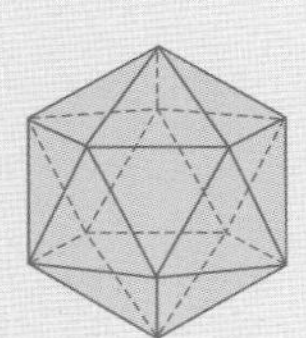
정이십면체

예제 면의 모양이 정육각형인 정다면체가 없는 이유를 쓰시오.

강의노트

① 한 꼭짓점에 정다각형 2개를 모은 후 화살표 방향으로 두 변을 붙이면 면이 포개어져서 정다면체를 만들 수 (있습니다, 없습니다.)

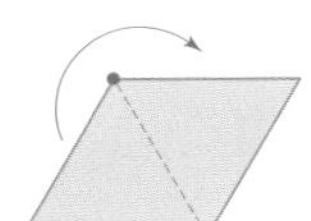

② 한 꼭짓점에 3개의 정삼각형을 모으면 꼭짓점에 모인 각의 크기는 180°, 3개의 정사각형을 모으면 $\square$, 3개의 정오각형을 모으면 $\square$입니다. 이 세 가지 경우는 화살표 방향으로 두 변을 붙이면 각각 정다면체를 만들 수 (있습니다, 없습니다.)

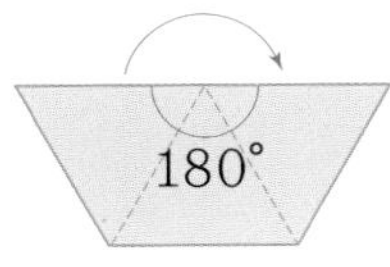

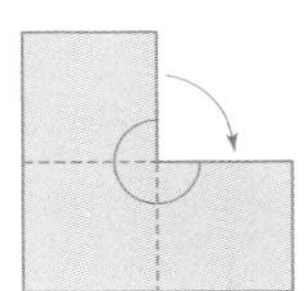

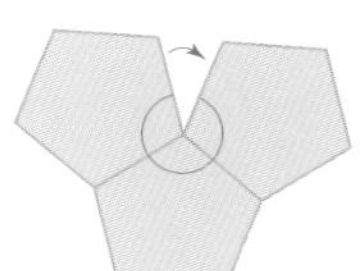

③ 한 꼭짓점에 4개의 정삼각형을 모으면 꼭짓점에 모인 각의 크기는 $\square$, 5개의 정삼각형을 모으면 $\square$입니다. 이 두 가지 경우는 화살표 방향으로 두 변을 붙이면 각각 정다면체를 만들 수 (있습니다, 없습니다.)

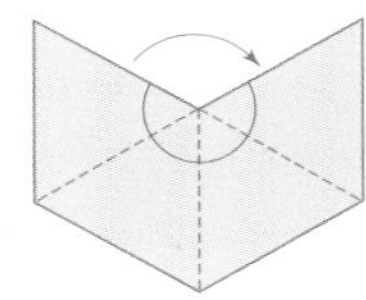

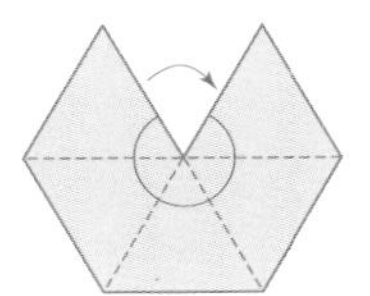

④ 한 꼭짓점에 정육각형 3개를 모으면 꼭짓점에 모인 각의 크기는 $\square$입니다. 이 경우는 꼭짓점에 모인 도형이 평면이 되므로 정다면체를 만들 수 (있습니다, 없습니다.)

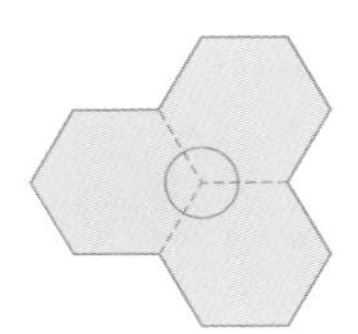

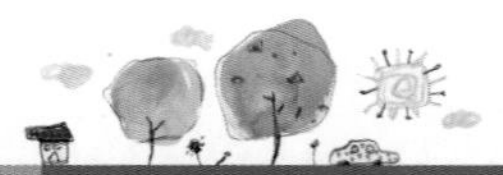

유형 08-1 각뿔의 전개도

다음 전개도의 둘레의 길이는 44cm입니다. 이 전개도를 접어서 만든 입체도형의 밑면의 넓이의 최댓값을 구하시오.

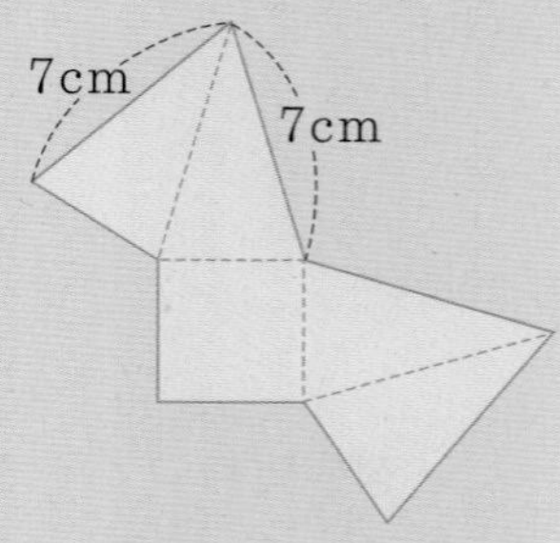

1 입체도형의 이름은 무엇입니까?

2 빈 칸에 알맞은 수를 써 넣으시오.

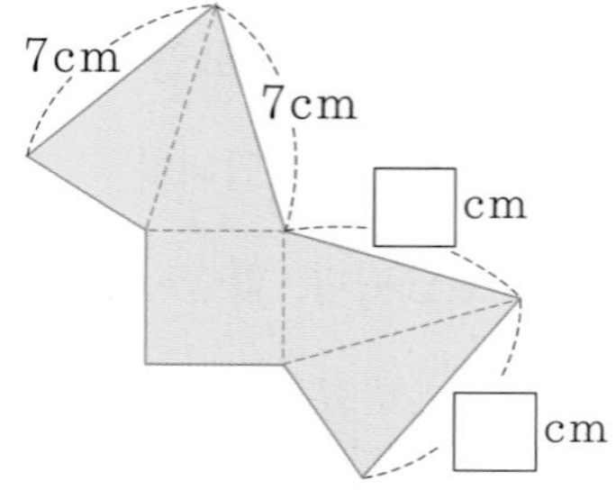

3 밑면의 둘레의 길이는 몇 cm입니까?

4 밑면의 넓이가 최대가 될 때, 밑면은 어떤 도형이 됩니까?

5 밑면의 넓이의 최댓값을 구하시오.

확인문제

○ Key Point

1 밑면은 한 변의 길이가 3cm인 정사각형이고, 옆면은 높이가 6cm인 이등변삼각형인 입체도형이 있습니다. 이 입체도형의 이름을 쓰고, 전개도의 넓이를 구하시오.

옆면이 이등변삼각형인 입체도형을 생각해 봅니다.

2 다음은 밑면이 정팔각형인 각기둥의 전개도입니다. 전개도를 접어서 만든 입체도형의 모든 모서리의 길이의 합을 구하시오.

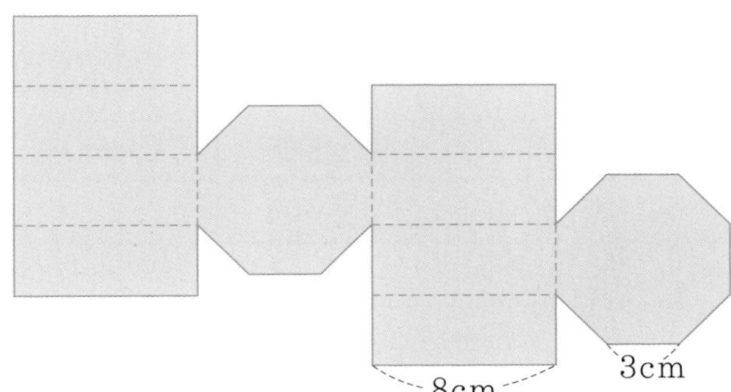

정팔각기둥의 모서리의 개수는 24개입니다.

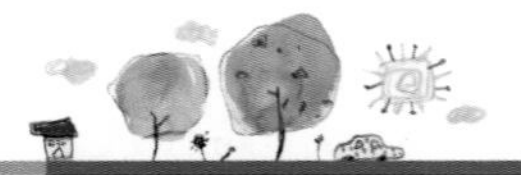

유형 08-2 쌍대다면체

정육면체의 각 면의 중심에 점을 찍고, 이 점들을 연결하여 만든 입체도형을 ㉮라고 합니다. ㉮의 이름을 쓰고, 정육면체와 ㉮의 면, 모서리, 꼭짓점의 수를 각각 구하시오.

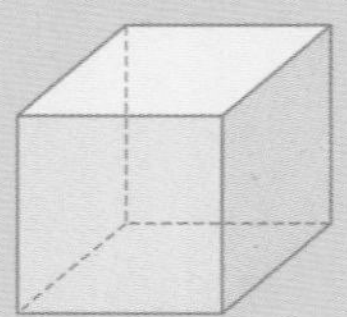

1 다음 정육면체 면의 중심에 점을 찍었습니다. 점을 연결하여 도형을 그려 보시오.

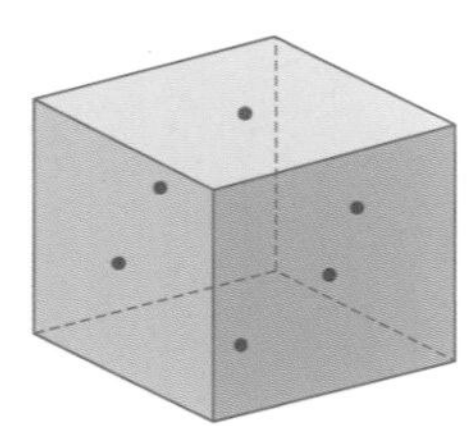

2 **1**의 점을 연결하여 만든 입체도형의 이름을 쓰시오.

3 **1**의 그림을 보고, 빈 칸에 알맞은 수를 써 넣으시오.

	면(개)	꼭짓점(개)	모서리(개)
정육면체			
㉮			

4 다음 빈 칸에 알맞은 말을 써 넣으시오.

정다면체의 면의 중심에 점을 찍고 연결하면 내부에 또 다른 정다면체가 생기는데, 이를 쌍대다면체라고 합니다. 정육면체의 면의 중심에 점을 찍고 연결한 입체도형 ㉮는 정육면체의 쌍대다면체이고, ㉮의 이름은 [ ]입니다.
쌍대다면체는 그 반대의 경우도 성립합니다. ㉮의 면의 중심에 점을 찍고 연결하면 정육면체가 나옵니다.
어떤 정다면체의 면의 중심에 찍은 점이 쌍대다면체의 꼭짓점이 되기 때문에 면의 수와 쌍대다면체의 [ ]의 수가 같습니다. 또한, 쌍대다면체끼리는 모서리의 수도 같습니다.

확인문제

1 그림과 같이 정사면체의 각 면의 중심에 점을 찍었습니다. 점을 연결하여 만든 새로운 입체도형의 이름은 무엇입니까?

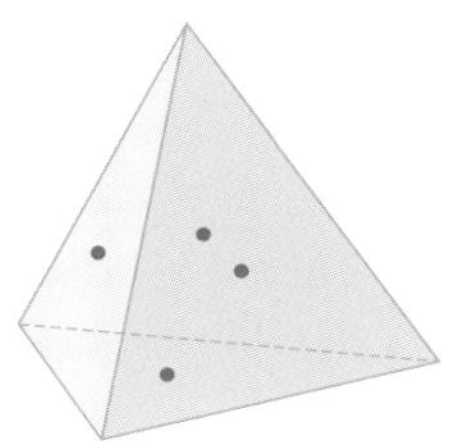

Key Point

면의 중심에 찍은 점이 내부에 생기는 도형의 꼭짓점입니다.

2 정팔면체의 각 면의 중심에 점을 찍었습니다. 이 점을 연결하여 생기는 입체도형의 면의 수와 꼭짓점의 수의 합을 구하시오.

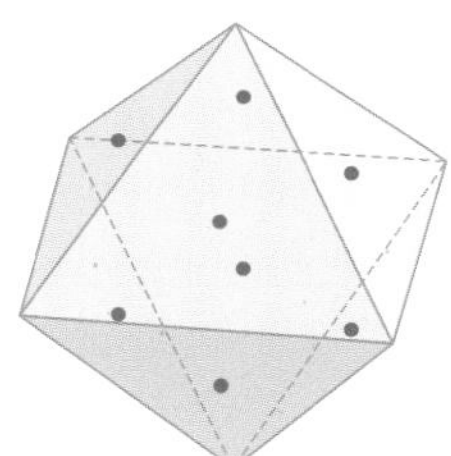

어떤 입체도형의 면의 수와 쌍대다면체의 꼭짓점의 수는 같습니다.

창의사고력 다지기

1 어떤 각뿔을 밑면에 평행하게 가운데를 자르고, 두 개로 나누어진 입체도형 중 아래에 있는 입체도형의 꼭짓점의 개수를 세어 보았더니 26개였습니다. 잘려진 두 입체도형의 면의 수의 합을 구하시오.

2 다음 |조건|에 맞는 입체도형 ㉠, ㉡의 이름을 각각 쓰시오.

조건

- ㉠은 밑면이 2개, 옆에서 본 모양이 직사각형인 입체도형이고, ㉡은 밑면이 1개, 옆에서 본 모양이 삼각형인 입체도형입니다.
- ㉠, ㉡의 모서리의 수가 같습니다.
- ㉠, ㉡의 꼭짓점의 수의 차는 1입니다.

3 면의 모양이 정삼각형인 정다면체가 3가지뿐인 이유를 쓰시오.

4 다음 그림은 정사면체에서 한 꼭짓점에 모인 세 모서리의 가운데 점을 지나는 평면입니다. 이와 같은 방법으로 각 꼭짓점에 모인 모서리의 가운데 점을 지나는 평면으로 네 개의 꼭짓점을 모두 잘라냈을 때 생기는 입체도형의 이름을 쓰시오.

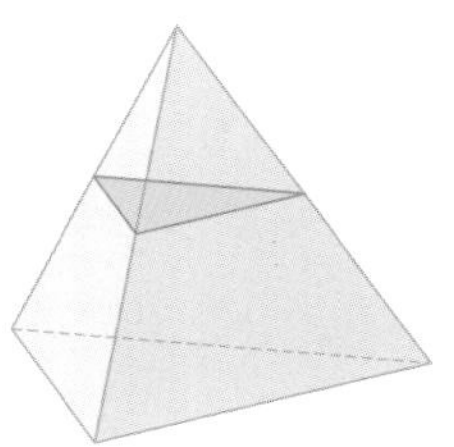

09 잘린 입체도형

개념학습 여러 가지 단면의 모양

① 입체도형을 평면으로 잘라낸 면을 단면이라고 합니다.

② 정육면체를 잘랐을 때, 나올 수 있는 단면의 모양은 다음과 같습니다.

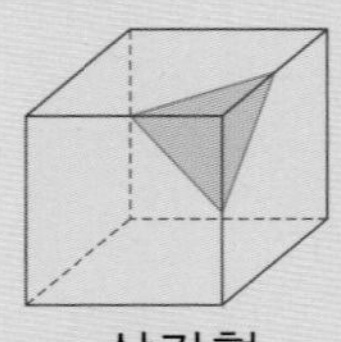
삼각형

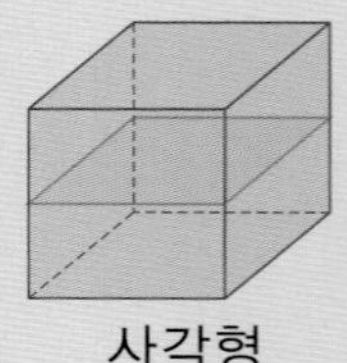
사각형

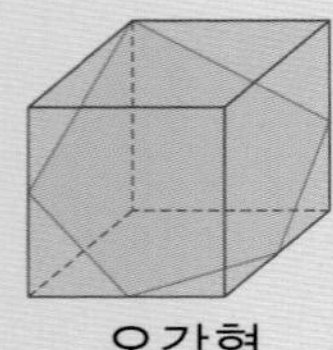
오각형

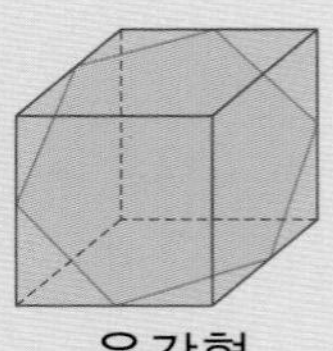
육각형

이 외에도 여러 모양을 만들 수 있지만, 잘린 면의 변의 개수가 최대가 되는 경우는 6개 면을 모두 지나게 잘랐을 때 육각형이 되는 경우로 단면의 변의 개수는 6개를 넘을 수 없습니다.

예제 다음 삼각기둥을 잘라 만들 수 있는 단면으로 가능한 다각형을 쓰시오.

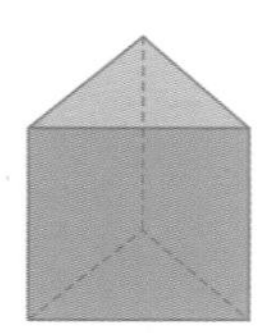

강의노트

① 오른쪽 그림과 같이 세 면이 지나게 자르면 단면은 ☐이 됩니다.

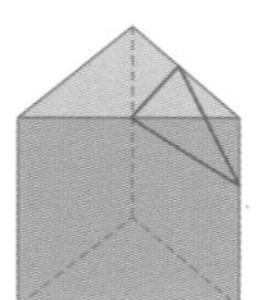

② 오른쪽 그림과 같이 네 면이 지나게 자르면 단면은 ☐이 됩니다.

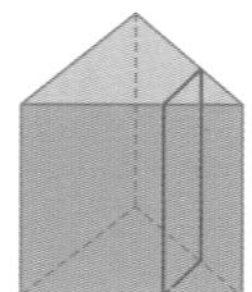

③ 오른쪽 그림과 같이 다섯 면이 지나게 자르면 단면은 ☐이 됩니다.

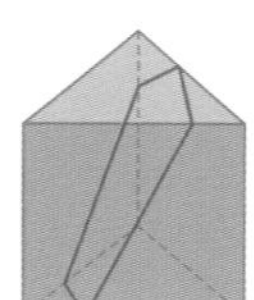

④ 삼각기둥을 자를 때 지날 수 있는 면의 최대 변의 개수는 ☐개이므로 변이 6개 이상인 도형은 나올 수 없습니다.

유제 다음 정사면체를 단면이 정사각형이 되게 자르는 면을 그리시오.

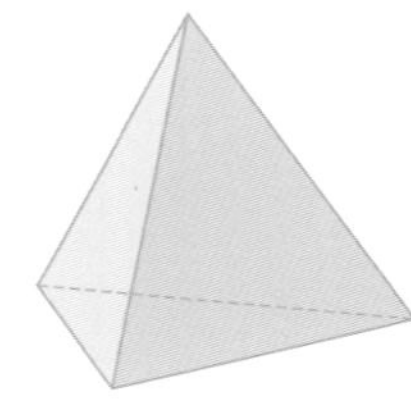

개념학습 **축구공**

아래 왼쪽의 그림은 정이십면체의 한 꼭짓점을 모서리의 $\frac{1}{3}$인 점들이 지나게 잘라내는 그림입니다.
축구공은 이와 같이 정이십면체의 꼭짓점을 모두 잘라낸 입체도형입니다.

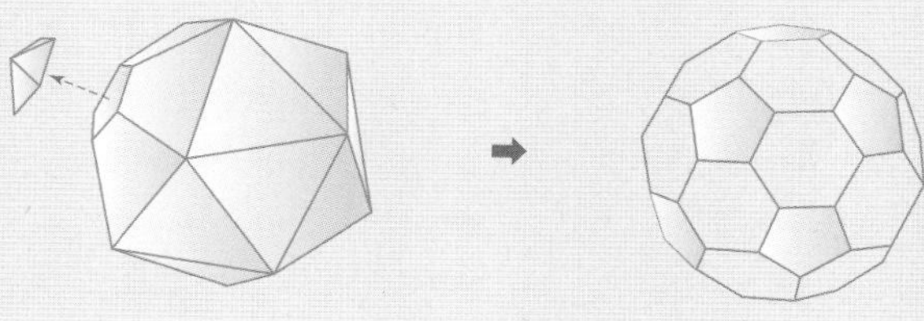

예제 축구공의 면, 모서리, 꼭짓점의 수를 각각 구하시오.

강의노트

① 정이십면체의 면은 20개, 모서리는 30개, 꼭짓점은 12개입니다.

② 정이십면체의 잘린 꼭짓점 하나는 밑면이 ☐인 오각뿔입니다. 꼭짓점을 하나 자르면 면은 1개, 모서리는 5개, 꼭짓점은 4개씩 늘어납니다.

③ 정이십면체의 꼭짓점을 12개 잘라내서 만든 축구공의 면, 모서리, 꼭짓점의 수는 다음과 같습니다.

면 : $20+1\times12=$ ☐(개)

모서리 : $30+$ ☐ $\times12=$ ☐(개)

꼭짓점 : $12+$ ☐ $\times12=$ ☐(개)

④ 또 다른 방법으로 각 면의 꼭짓점과 변의 수를 구할 수 있습니다.
축구공은 정이십면체의 삼각형이 잘라져서 만들어진 정육각형 20개와 꼭짓점이 잘라진 자리에 만들어지는 정오각형 ☐개의 면으로 이루어졌으므로 면은 모두 ☐개입니다.

⑤ 정육각형 면과 정오각형 면의 각 면의 변과 꼭짓점의 수를 모두 더하면 다음과 같습니다.

각 면의 꼭짓점 : $6\times20+5\times$ ☐ $=180$(개)

각 면의 변 : $6\times$ ☐ $+5\times12=180$(개)

⑥ 면의 꼭짓점 3개가 만나 축구공의 꼭짓점 1개를 만들고, 면의 변 2개가 만나 축구공의 모서리 1개를 만들기 때문에 축구공의 꼭짓점과 모서리의 수는 다음과 같습니다.

꼭짓점 : $180\div3=$ ☐(개)　　모서리 : $180\div2=$ ☐(개)

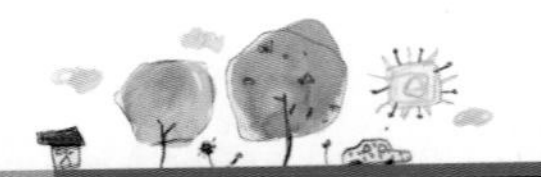

유형 09-1 잘린 입체도형의 전개도

다음 그림과 같이 정사면체의 각 모서리의 $\frac{1}{3}$지점을 지나게 꼭짓점을 잘라낸 입체도형의 전개도를 그리시오.

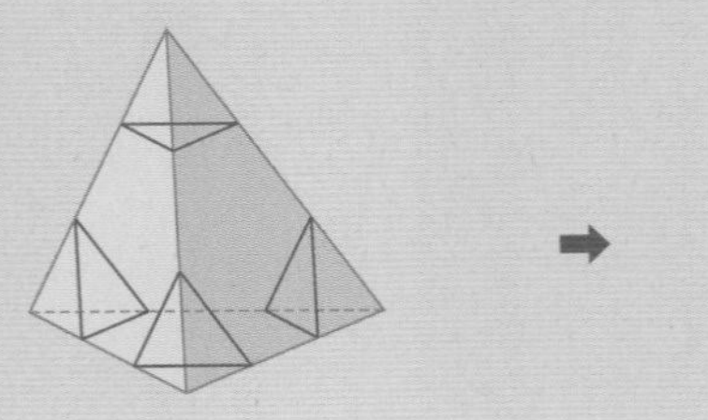

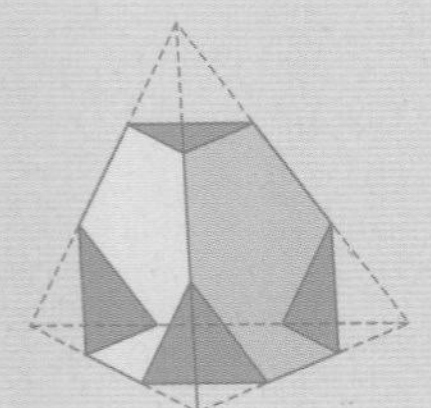

1 정사면체의 꼭짓점을 잘라낸 입체도형의 면은 어떤 도형입니까? 또, 이 입체도형의 전개도는 어떤 도형이 몇 개씩 있습니까?

2 다음은 정사면체의 전개도에 잘라낸 선과 면을 일부분 나타낸 것입니다. 이 전개도에 나머지 잘린 선을 그리고, 잘린 면을 색칠하시오.

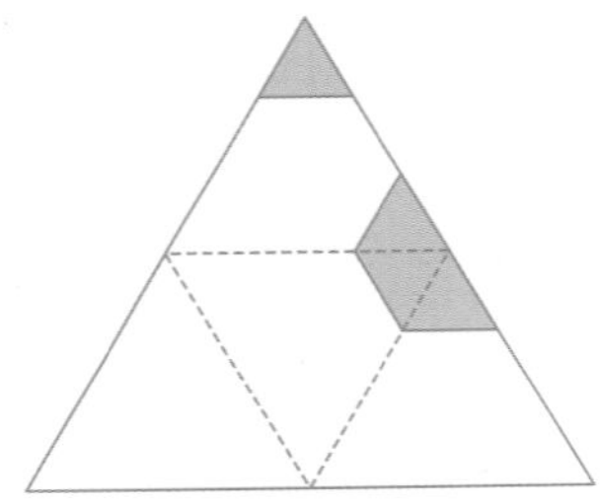

3 다음은 정사면체의 꼭짓점을 잘라내고 남는 정육각형에 잘라낸 자리에 생기는 정삼각형 3개를 그린 전개도입니다. 잘라낸 자리에 생기는 정삼각형 1개를 더 그려서 전개도를 완성하시오.

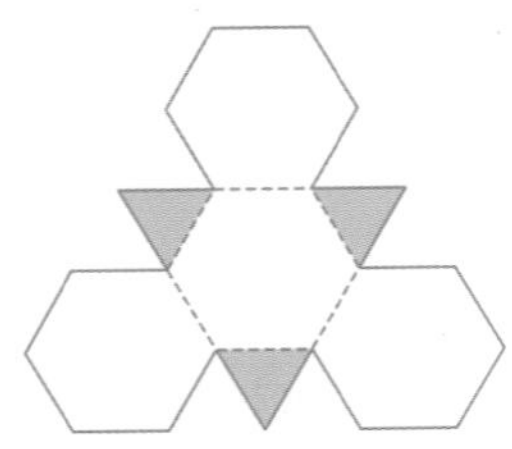

1 정사면체를 밑면과 평행하게 잘랐습니다. 나누어진 두 입체도형의 전개도를 각각 그리시오.

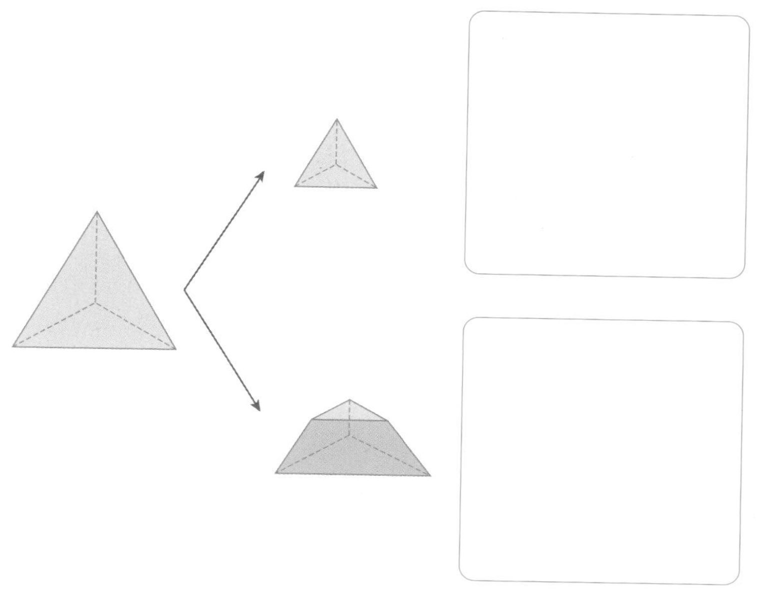

◦ Key Point

잘라진 윗부분은 삼각뿔, 아랫부분은 삼각뿔대입니다.

2 다음 그림은 정육면체를 기울인 상태에서 잉크를 채운 것입니다. 정육면체의 전개도에 잉크가 묻은 곳을 색칠하시오.

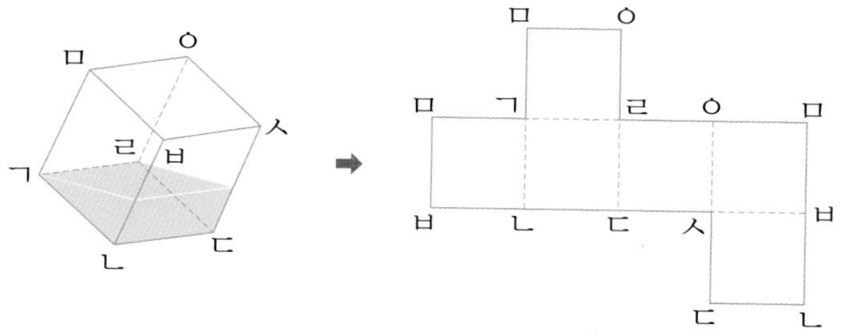

정육면체를 보고 전개도의 꼭짓점에 기호를 붙인 후 잉크가 묻은 곳을 알아봅니다.

유형 09-2 면, 모서리, 꼭짓점의 수

다음 그림과 같이 정육면체의 한 꼭짓점을 서로 다른 두 가지 방법으로 잘랐습니다. 각각의 경우 면, 모서리, 꼭짓점의 수를 구하시오.

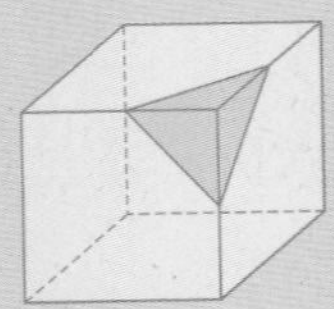

모서리의 $\frac{1}{2}$을 지나게 자릅니다.

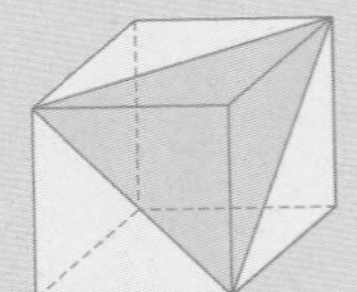

이웃하지 않은 세 꼭짓점을 지나게 자릅니다.

1 정육면체의 면, 모서리, 꼭짓점의 수는 각각 몇 개씩입니까?

2 오른쪽 그림을 정육면체와 비교했을 때, 색칠한 부분을 자르면 면이 1개 늘어납니다. 모서리와 꼭짓점은 각각 몇 개씩 늘어납니까?

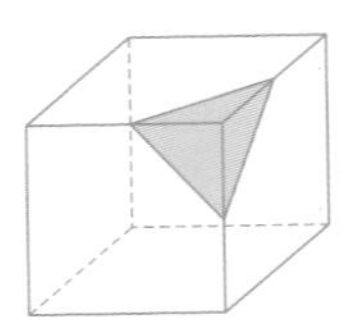

3 정육면체의 한 꼭짓점을 모서리의 $\frac{1}{2}$을 지나게 자른 모양의 면, 모서리, 꼭짓점은 각각 몇 개씩입니까?

4 오른쪽 그림을 정육면체와 비교했을 때, 색칠한 부분을 자르면 모서리의 수는 변화가 없습니다. 면과 꼭짓점의 수는 어떤 변화가 있습니까?

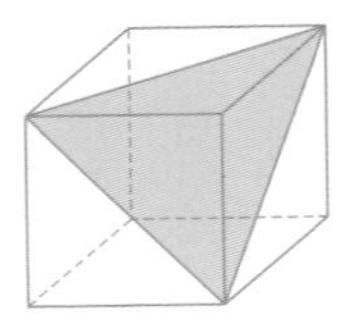

5 정육면체의 한 꼭짓점을 이웃하지 않은 세 꼭짓점을 지나게 자른 모양의 면, 모서리, 꼭짓점은 각각 몇 개씩입니까?

확인문제

Key Point

1 다음 그림과 같이 삼각기둥에서 한 꼭짓점을 잘라낸 입체도형의 면, 꼭짓점, 모서리의 수를 각각 구하시오.

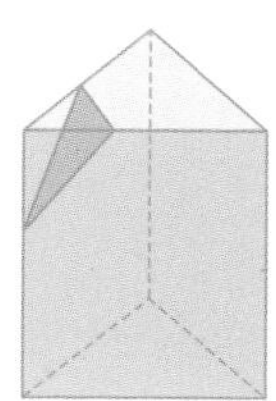

꼭짓점을 잘라내기 전후에 면, 모서리, 꼭짓점의 수의 변화를 살펴봅니다.

2 다음 그림은 오각뿔의 각뿔의 꼭짓점을 잘라낸 것입니다. 밑면에 평행한 단면으로 잘랐을 때, 만들어진 두 입체도형의 면의 수의 합, 모서리의 수의 합, 꼭짓점의 수의 합을 각각 구하시오.

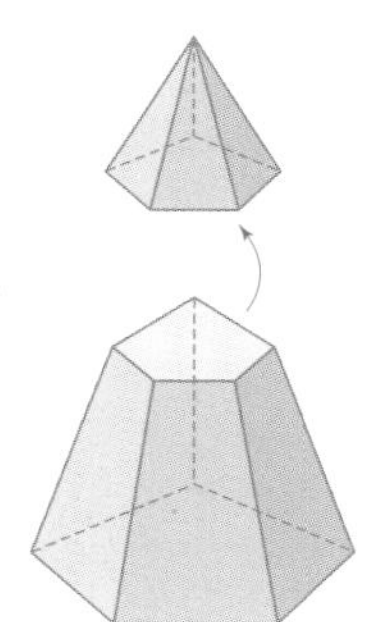

잘린 단면은 정오각형입니다.

창의사고력 다지기

1 정육면체를 한 평면으로 자른 단면의 모양이 다음과 같도록 |보기|와 같이 정육면체에 자른 단면을 그리시오.

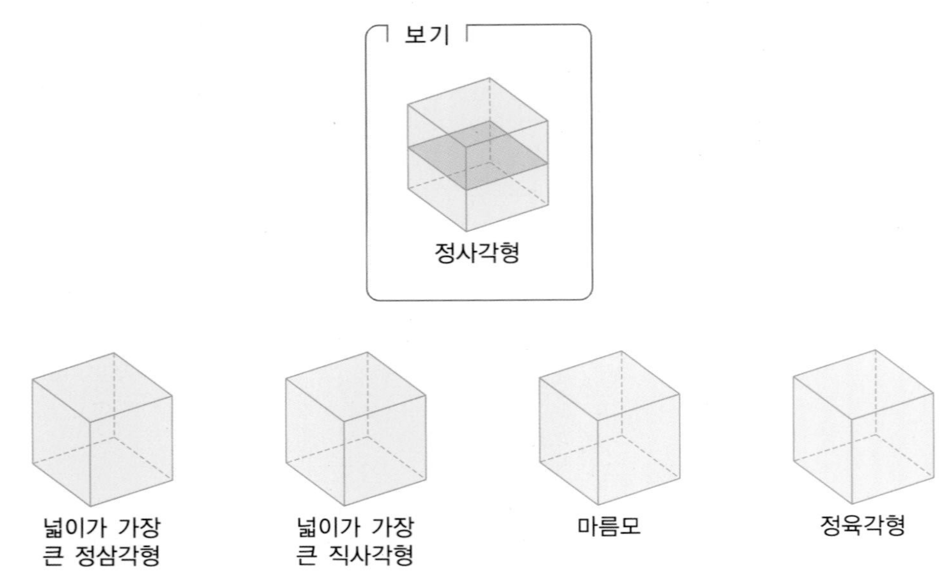

2 원뿔을 한 평면으로 잘랐을 때, 잘린 면이 될 수 있는 것을 찾아 기호를 쓰시오.

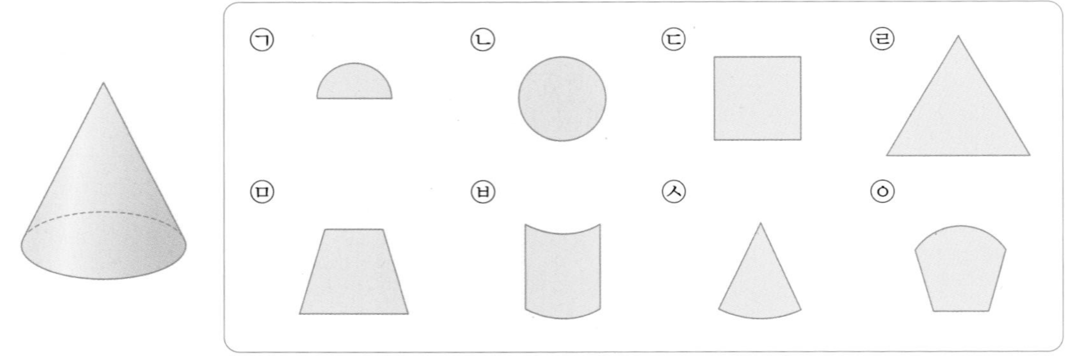

3 다음 그림과 같이 자른 단면이 육각형이 되도록 정육면체를 잘라서 두 개의 입체도형을 만들었습니다. 이 두 개의 입체도형의 모서리를 모두 더하면 몇 개입니까?

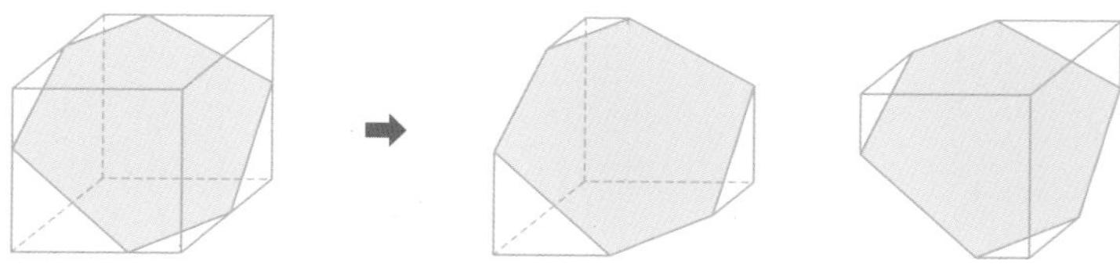

4 다음 그림은 정팔면체를 각 모서리의 3등분 점을 지나게 모든 꼭짓점을 자른 도형입니다. 이 입체도형을 깎인 정팔면체라고 할 때, 깎인 정팔면체의 면, 모서리, 꼭짓점의 수를 각각 구하시오.

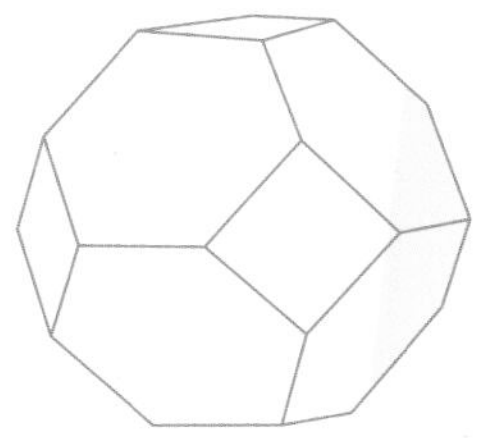

Memo

Ⅳ 규칙과 문제해결력

규칙과 문제해결력

10 진법

개념학습 바코드

물건을 살 때 흔히 볼 수 있는 바코드는 가늘고 굵은 막대의 배열로 되어 있습니다. 바코드는 이진법의 원리로 만들어진 하나의 기호로, 상품에 대한 여러 가지 정보가 들어 있습니다.

예제 |보기|와 상품 코드표를 보고, 이 상품의 종류와 제조월일을 구하시오.

보기

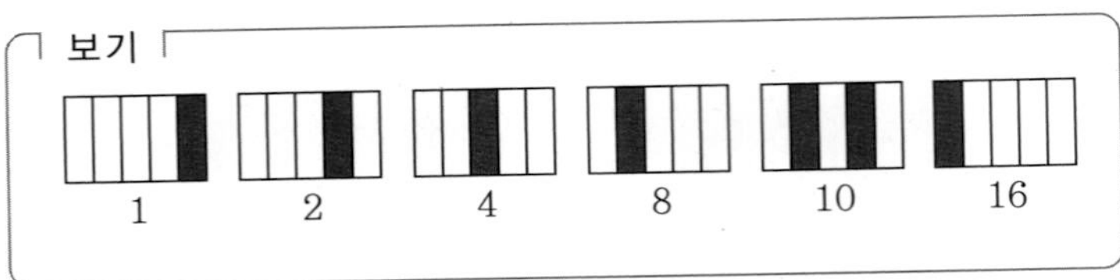

상품 코드표

5 : 우유	6 : 사과	7 : 아이스크림
8 : 라면	9 : 잼	10 : 빵

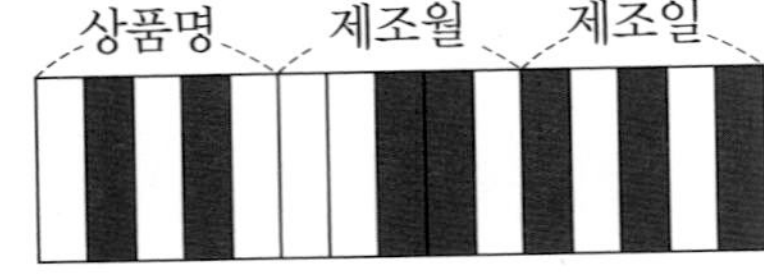

강의노트

① 상품의 종류는 왼쪽 5칸에 나타나 있습니다. 색칠해진 칸이 나타내는 수는 왼쪽에서부터 차례로 8과 □이므로 상품명의 바코드가 나타내는 수는 8+□=□입니다.
따라서 상품의 종류를 상품 코드표에서 찾으면 □입니다.

② 제조월은 가운데 5칸에 나타나 있습니다. 색칠해진 칸이 나타내는 수는 왼쪽에서부터 차례로 □와 □이므로 제조월의 바코드가 나타내는 수는 □+□=□입니다.
따라서 제조월은 □월입니다.

③ 제조일은 오른쪽 5칸에 나타나 있습니다. 색칠해진 칸이 나타내는 수는 각각 왼쪽에서부터 차례로 □, □, □이므로 제조일의 바코드가 나타내는 수는 □+□+□=□입니다.
따라서 제조일은 □일입니다.

유제 예제의 |보기|와 상품 코드표를 보고, 오른쪽 바코드의 상품명, 제조월일을 구하시오.

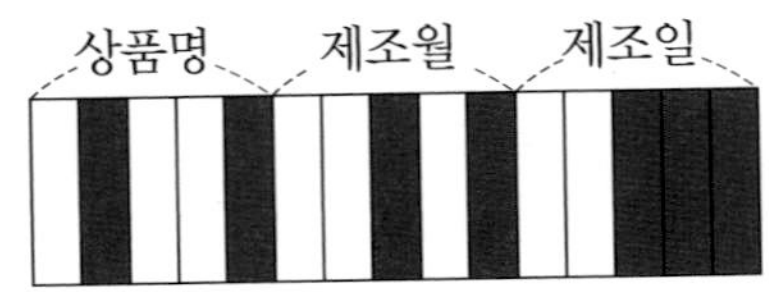

개념학습

가장 적은 개수의 추로 무게 재기

① 1g에서 15g까지의 물건의 무게를 빠짐없이 재려고 합니다. 추를 양팔 저울의 한 쪽 접시에만 올려놓을 수 있을 때, 필요한 가장 적은 개수의 추는 1g, 2g, 4g, 8g짜리 추 각각 1개씩입니다.

② 1g에서 13g까지의 물건의 무게를 빠짐없이 재려고 합니다. 추를 양팔 저울의 양쪽 접시에 모두 올려 놓을 수 있을 때, 필요한 가장 적은 개수의 추는 1g, 3g, 9g짜리 추 각각 1개씩입니다.

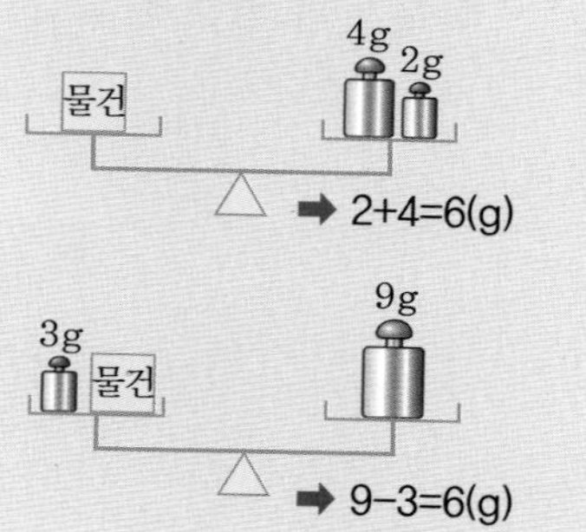

예제 양팔 저울을 이용하여 1g, 3g, 9g의 세 개의 추로 잴 수 있는 물건의 무게는 1g에서 13g까지 모두 13가지입니다. 그 방법을 다음 표에 식으로 나타내시오. (단, 추는 양팔 저울의 양쪽 접시에 모두 놓을 수 있습니다.)

1g	1	6g		11g	9+3−1
2g	3−1	7g		12g	
3g		8g		13g	
4g		9g			
5g	9−3−1	10g			

강의노트

다음은 양팔 저울과 1g, 3g, 9g 세 개의 추로 1g에서 13g까지 물건의 무게를 재는 방법을 그림으로 나타낸 것입니다. 빈 칸에 알맞은 수나 기호(+, −)를 써 넣으시오.

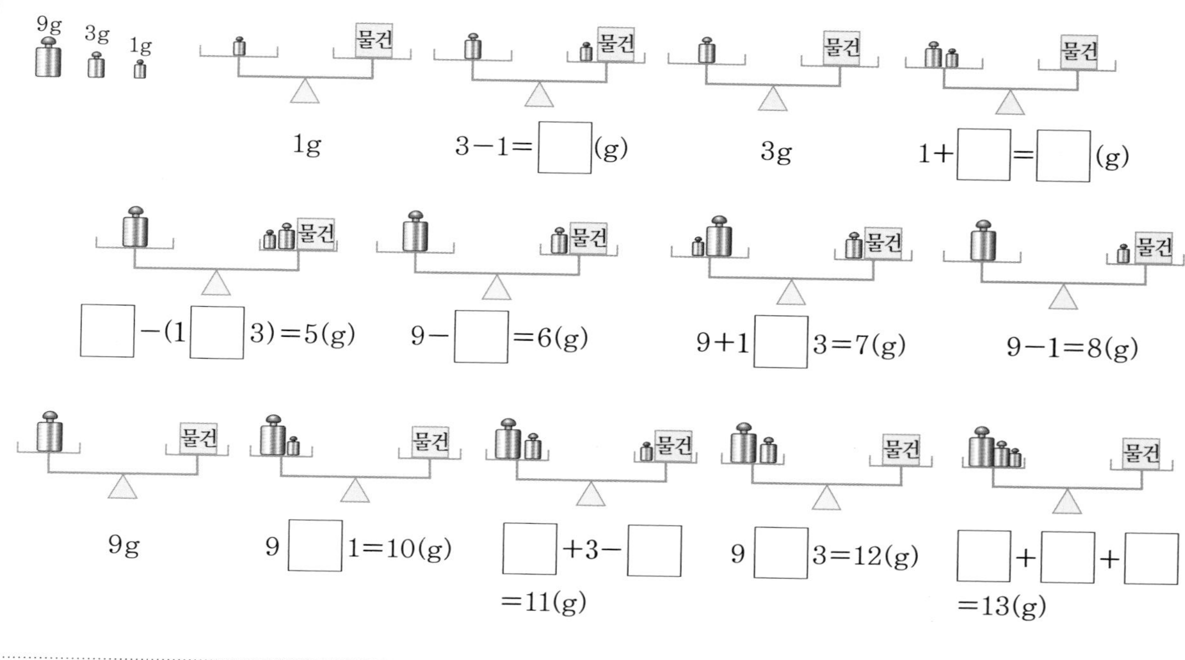

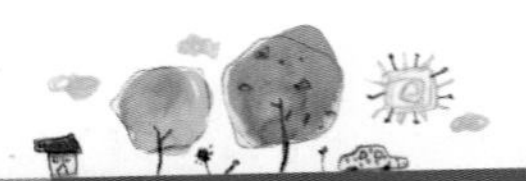

유형 10-1 도형이 나타내는 수

다음은 도형으로 수를 나타낸 것입니다. 규칙을 찾아 계산 결과를 도형에 색칠하시오.

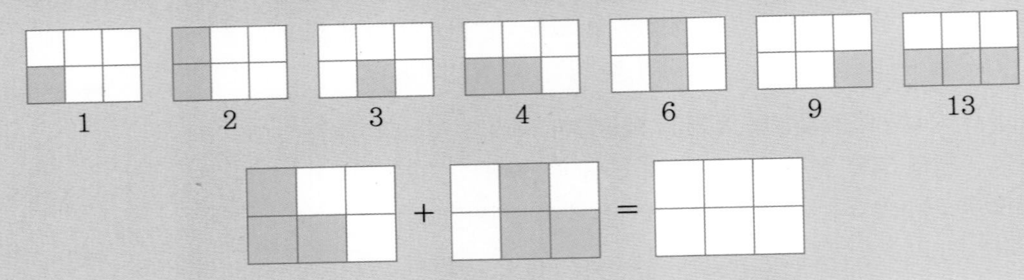

1 색칠한 도형이 나타내는 수를 (　　) 안에 써 넣으시오.

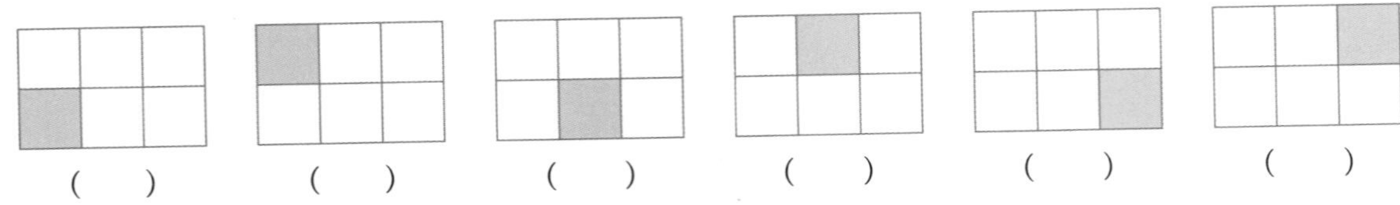

2 **1**을 이용하여 색칠한 도형이 나타내는 수를 (　　) 안에 써 넣으시오.

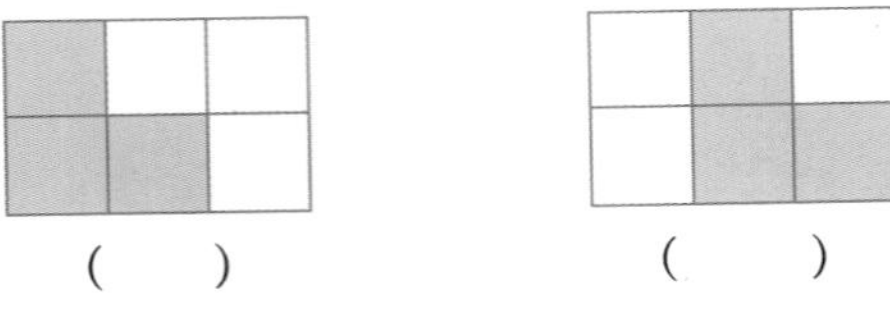

3 **2**에서 구한 두 도형이 나타내는 수의 합을 **1**에서 구한 도형이 나타내는 수를 이용하여 나타내고, 계산 결과를 도형에 색칠하시오.

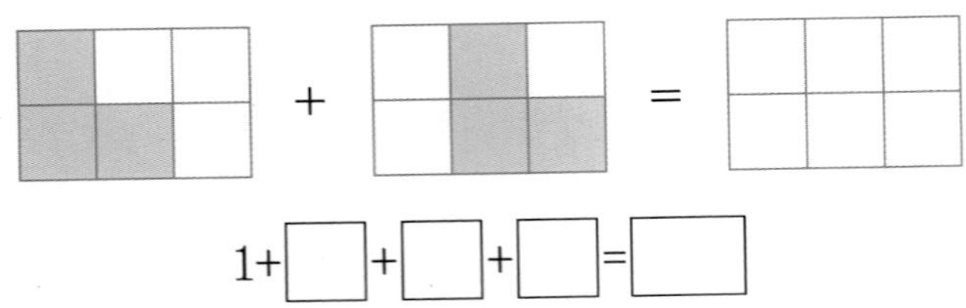

1+□+□+□=□

1 다음 |보기|의 주판은 628을 나타낸 것입니다. 다음을 계산하시오.

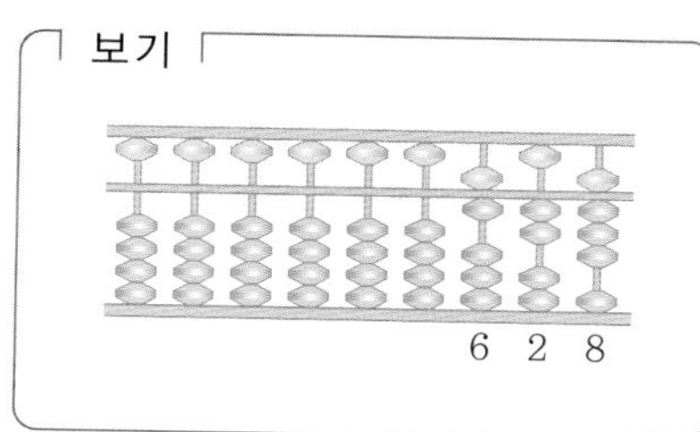

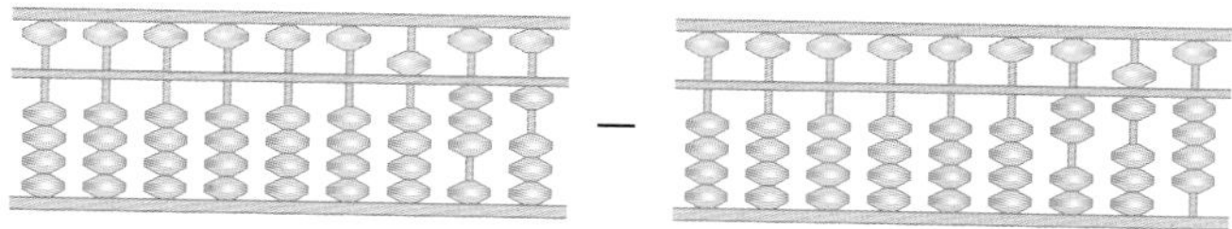

○ Key Point

아래 칸의 4개의 주판 알이 각각 나타내는 수와 위 칸의 1개의 주판 알이 나타내는 수를 구해 봅니다.

2 다음은 도형을 이용하여 수를 나타낸 것입니다.

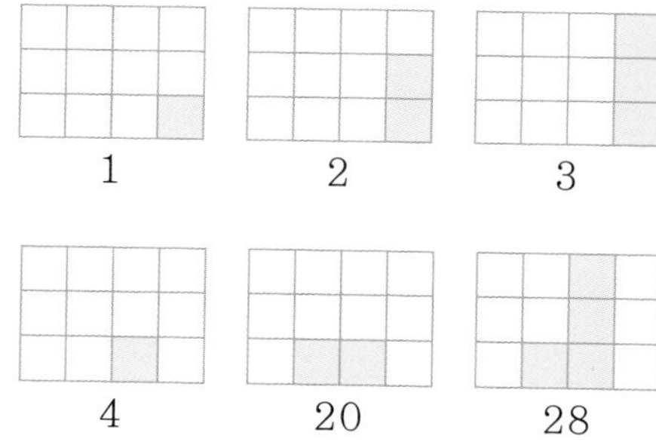

다음 식이 성립하도록 사각형 안에 알맞게 색칠하시오.

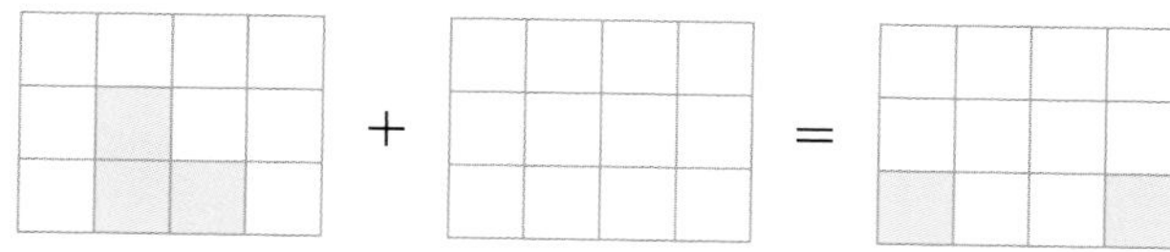

각 칸이 나타내는 수를 구해 봅니다.

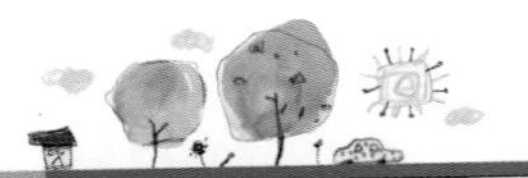

유형 10-2 규칙 찾아 계산하기

다음 |보기|의 계산 결과를 보고, 규칙을 찾아 다음을 계산하시오.

보기

$$\begin{array}{r} 2\ 3 \\ +\ \ \ 4 \\ \hline 3\ 2 \end{array} \qquad \begin{array}{r} 413 \\ +\ \ 32 \\ \hline 1000 \end{array}$$

$$\begin{array}{r} 204 \\ +321 \\ \hline \end{array}$$

1 |보기|에서 일의 자리 숫자의 합은 각각 3+4=2, 3+2=0입니다. 각 자리의 숫자가 얼마일 때, 일의 자리에서 십의 자리로, 십의 자리에서 백의 자리로 받아올림합니까?

2 |보기|의 규칙에 맞게 다음을 계산하시오.

$$\begin{array}{r} 204 \\ +321 \\ \hline \end{array}$$

3 |보기|와 같은 규칙으로 다음을 계산하시오.

$$\begin{array}{r} 422 \\ -313 \\ \hline \end{array}$$

확인문제

Key Point

각 자리의 숫자가 얼마가 되었을 때 받아올림 하는지 구해 봅니다.

1 |보기|와 같이 계산할 때, 다음 □ 안에 알맞은 숫자를 써넣으시오.

보기

$$\begin{array}{r} 123 \\ +\ \ 42 \\ \hline 205 \end{array}$$

(1)
$$\begin{array}{r} 3\ 2 \\ +\ 2\ \square \\ \hline 1\ 0\ 1 \end{array}$$

(2)
$$\begin{array}{r} \square\ 0\ 3\ 1\ \square \\ +\ 3\ \square\ 4\ 4 \\ \hline 4\ 3\ 5\ 0\ 0 \end{array}$$

십진법의 계산에서는 더해서 10이 되면 받아올림합니다. 또, 1을 받아내림하면 10이 됩니다.

2 외계인과의 교신에 다음과 같은 메시지를 받았습니다. 이를 통해 외계인의 손가락 수는 몇 개라고 추정할 수 있습니까? (단, 인간이 십진법을 쓰는 것은 인간의 손가락이 10개이기 때문입니다.)

111−33=34

창의사고력 다지기

1 다음과 같이 태극기의 네 모퉁이에 4괘가 그려져 있습니다. '곤', '이', '감'을 |보기|와 같이 수로 표현할 때, '건(☰)'은 어떤 수로 표현되는지 구하시오.

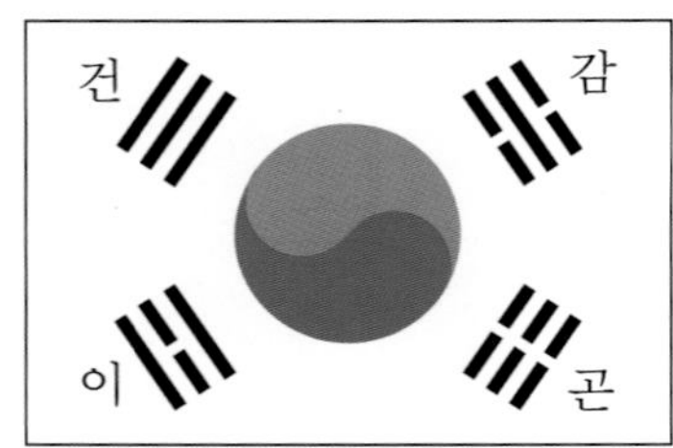

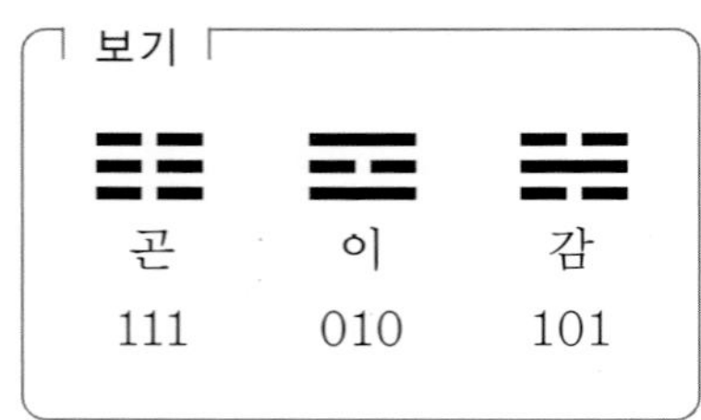

2 13g짜리 추가 땅에 떨어지면서 세 조각으로 나누어졌습니다. 이 세 조각과 양팔 저울을 이용하여 1g에서 13g까지의 무게를 1g 단위로 모두 잴 수 있다고 합니다. 세 조각의 무게는 각각 얼마입니까?

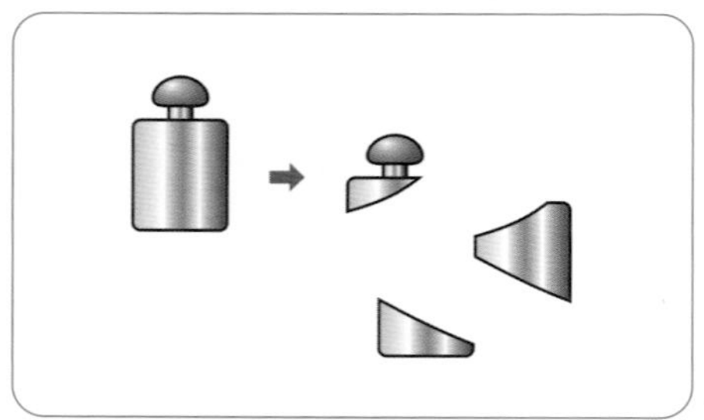

3 다음과 같이 바둑돌을 이용하여 수를 나타내었습니다.

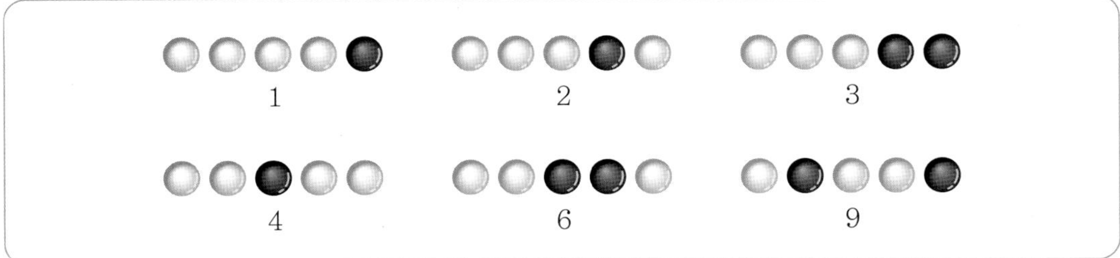

다음 식의 계산 결과를 바둑돌로 알맞게 나타내시오.

+

4 다음은 어느 외계의 두 행성에서의 계산 방법을 나타낸 것입니다.

A 행성	B 행성
$\begin{array}{r} 321 \\ +\ 330 \\ \hline 1311 \end{array}$	$\begin{array}{r} 523 \\ -\ 345 \\ \hline 134 \end{array}$

다음 식을 A, B 두 행성의 계산 방법을 이용하여 각각 구하시오.

$$\begin{array}{r} 2312 \\ +\ 323 \\ \hline \end{array}$$

11 피보나치 수열

개념학습 피보나치 수열

① 앞의 두 항의 합이 그 다음 항이 되는 수열을 피보나치 수열이라고 합니다.

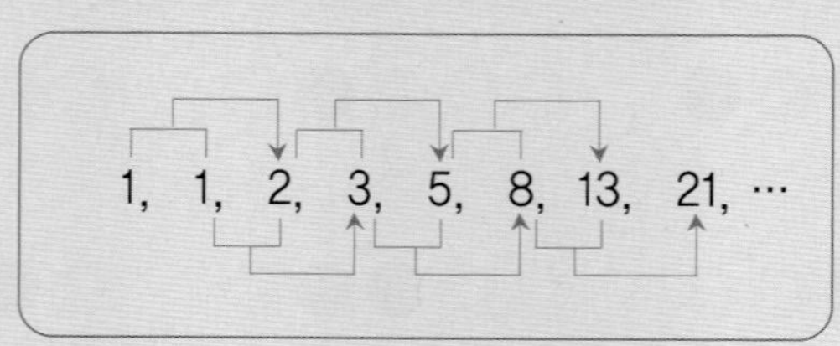

② 피보나치 수열은 우리 생활 속에서 찾아볼 수 있습니다.

- 피아노 건반 : 흰색 건반 8개와 검은색 건반 5개로 기본 13옥타브로 구성되어 있고, 검은색 건반은 2개, 3개가 각각 나란히 붙어 있어 2, 3, 5, 8, 13 등 피보나치 수열을 이루고 있습니다.
- 꽃잎 : 주변의 꽃잎을 세어 보면 거의 모든 꽃잎이 3장, 5장, 8장, 13장과 같이 피보나치 수열을 이루고 있습니다.

예제 |보기|와 같은 규칙으로 수를 나열할 때, □ 안에 들어갈 수를 구하시오.

보기

1, 2, 3, 5, 8, 13, 21, 34, …

□, 5, □, □, 23, …

강의노트

① |보기|의 수열은 앞의 두 수를 더하여 그 다음 수가 되는 □ 수열입니다.

② 처음의 수를 ●라 하면 5 다음에 오는 수는 ●와 5를 더한 ●+5이고, 그 다음에 오는 수는 5+(●+5)=□입니다.

□, 5, □, □, 23

③ 23은 23의 앞의 두 수 ●+5와 □을 더한 값이므로 ●+5+□=23, ●=□입니다.

④ 따라서 빈 칸에 들어갈 수를 차례로 쓰면 □, 5, □, □, 23입니다.

개념학습 토끼의 수 증가 규칙

피보나치는 다음과 같은 규칙으로 늘어나는 토끼의 수에서 피보나치 수열을 발견했습니다.

현재

1달 후

2달 후

3달 후

➡ 어린 토끼 1쌍은 1달 후에 어른 토끼가 되고, 어른 토끼 1쌍은 1달 후에 어린 토끼 1쌍을 낳습니다.

예제 어린 토끼 1쌍은 1달 후에 어른 토끼가 되고, 어른 토끼 1쌍은 1달 후에 어린 토끼 1쌍을 낳습니다. 토끼가 한 마리도 죽지 않았다고 할 때, 7달 후에 토끼는 모두 몇 마리가 되겠습니까?

강의노트

① 4달 후 토끼의 쌍의 수를 구하면 다음과 같습니다.

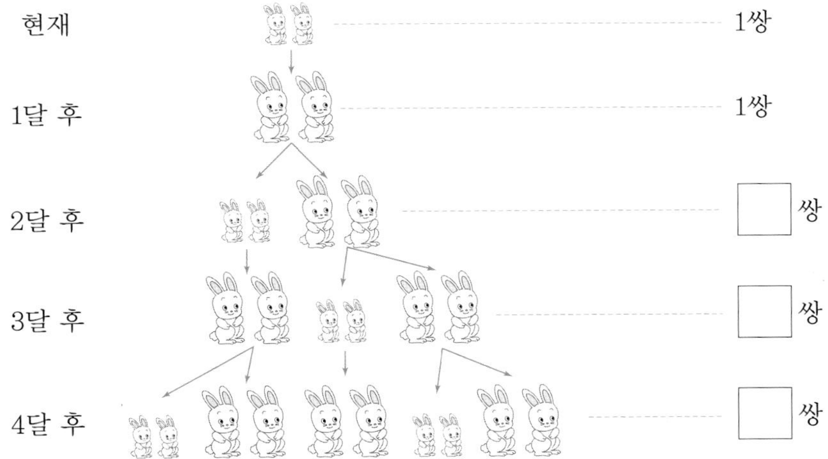

② 6달 후까지의 토끼의 쌍의 수를 구하면 다음과 같습니다.

시간	현재	1달 후	2달 후	3달 후	4달 후	5달 후	6달 후
토끼의 쌍의 수	1	1					

③ 매월 토끼의 쌍의 수는 앞의 두 수를 더하여 그 다음 수가 되는 □ 수열을 이룹니다.

따라서 7달 후에 토끼는 □+□=□(쌍)이 됩니다.

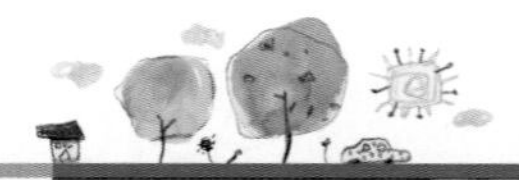

유형 11-1 계단 오르기

영수는 8칸짜리 계단을 한 번에 1칸씩 또는 2칸씩 오르려고 합니다. 이 계단의 꼭대기까지 올라가는 방법은 모두 몇 가지입니까?

1 첫째 번 계단까지 올라가는 방법은 1가지입니다. 둘째 번 계단까지 올라가는 방법은 1칸씩 2번 오르는 방법과 2칸씩 1번 오르는 방법으로 2가지입니다. 셋째 번 계단까지 올라가는 방법과 가짓수를 구하시오.

계단 수	방 법	가짓수
첫째 번	(1)	1
둘째 번	(1, 1), (2)	2
셋째 번		

2 오른쪽 그림에서 한 번만 움직여서 넷째 번 계단 ④로 갈 수 있는 위치는 어느 곳입니까?

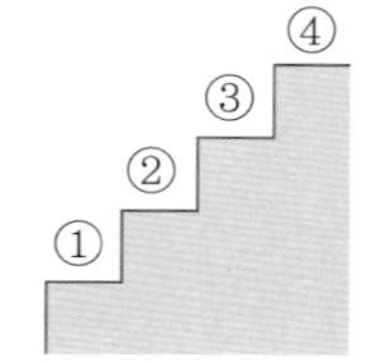

3 넷째 번 계단을 올라가는 방법의 가짓수를 각각 둘째 번 계단과 셋째 번 계단까지 올라가는 방법의 가짓수를 이용하여 식으로 나타내어 보시오.

4 다섯째 번 계단까지 올라가는 방법의 가짓수를 구하시오.

5 이와 같은 방법을 이용하여 8칸짜리 계단을 올라가는 방법은 모두 몇 가지인지 구하시오.

3 |보기|와 같은 규칙으로 필름 위의 빈 칸에 알맞은 수를 써넣으시오.

보기

1, 1, 2, 3, 5, 8, 13, 21, …

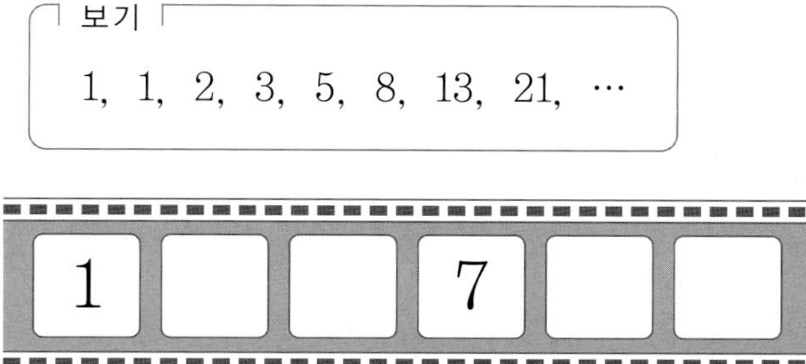

4 영민, 준수, 상호 세 사람은 다음과 같은 |규칙|으로 바둑돌을 주고받는 놀이를 하고 있습니다. 10단계에 영민이가 받게 될 바둑돌의 개수는 몇 개입니까?

규칙

① 바둑돌을 받은 사람은 다른 사람에게 바둑돌을 줍니다.
② 영민이는 준수에게 바둑돌을 1개를 줍니다.
③ 준수는 영민이와 상호에게 바둑돌을 1개씩 줍니다.
④ 상호는 영민, 준수에게 바둑돌을 1개씩 줍니다.

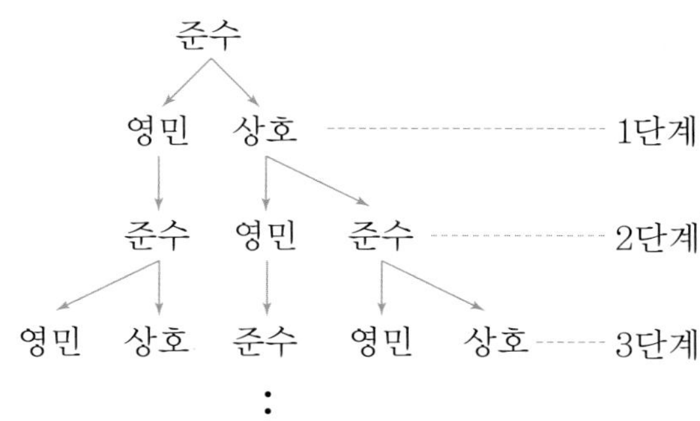

12 하노이 탑과 파스칼의 삼각형

개념학습 **하노이 탑**

하노이의 탑 : 하노이 탑(Tower of Hanoi)은 퍼즐의 한 종류입니다. 세 개의 기둥과 이 기둥에 꽂을 수 있는 크기가 다양한 원판이 있습니다. 한 기둥에 꽂힌 원판들을 그 순서 그대로 다른 기둥으로 옮겨서 다시 쌓는 것입니다. 단, 원판은 한 번에 한 개씩만 옮길 수 있고, 큰 원판이 작은 원판 위에 올 수 없습니다. 원판이 n개일 때, 원판을 다른 하나의 기둥으로 모두 옮기는 최소 이동 횟수는 $\underbrace{2\times2\times\cdots\times2}_{n개}-1$ (번)입니다.

예제 다음 그림과 같이 기둥 한 개에 2개의 원판이 쌓여 있습니다. 이 2개의 원판을 다음과 같은 |규칙|으로 다른 한 기둥으로 모두 옮기려면 원판을 적어도 몇 번 이동해야 합니까?

규칙
- 원판은 한 번에 하나씩 움직일 수 있습니다.
- 큰 원판을 작은 원판 위에 쌓을 수 없습니다.

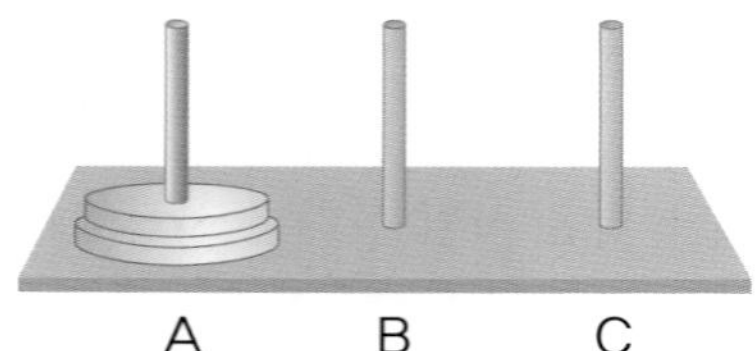

강의노트

A 기둥에 있는 2개의 원판을 다른 하나의 기둥으로 옮기는 과정은 다음과 같습니다. 따라서 2개의 원판을 다른 기둥으로 모두 옮기는 최소 이동 횟수는 ☐번입니다.

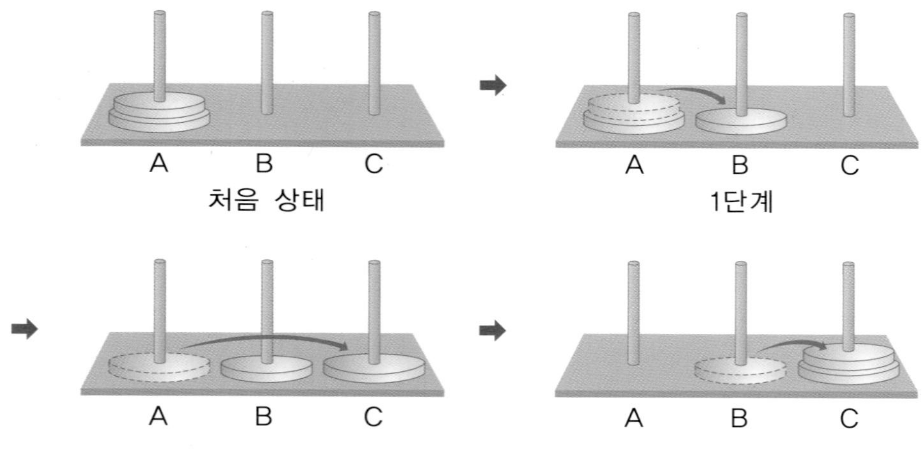

개념학습 파스칼의 삼각형

① 자연수를 규칙에 따라 삼각형 모양으로 배열한 것을 파스칼의 삼각형이라고 합니다.

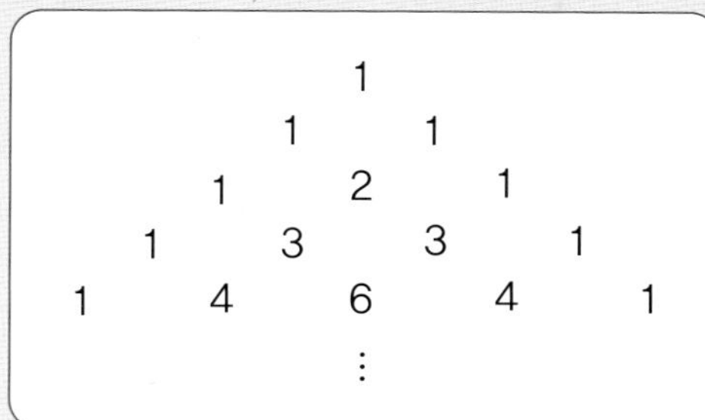

② 이것은 중국인에 의해 유럽에 전해졌으나 이 삼각형에서 흥미로운 규칙을 가장 많이 발견한 프랑스의 수학자 블레즈 파스칼의 이름을 따서 파스칼의 삼각형이라고 합니다. 파스칼의 삼각형의 규칙은 단순하지만 그 속에 들어 있는 다양한 성질들을 활용하면 복잡한 수학 문제를 쉽게 해결할 수 있습니다.

예제 오른쪽 그림은 파스칼의 삼각형의 일부입니다. 규칙을 찾아 빈 곳에 알맞은 수를 써 넣으시오.

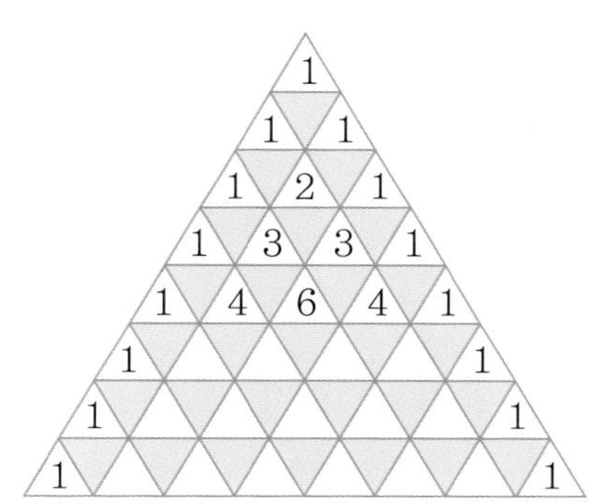

강의노트

① 파스칼의 삼각형은 각 줄의 처음 수와 끝 수는 항상 ☐ 이고, 그 사이의 수는 바로 위의 왼쪽 수와 오른쪽 수의 ☐입니다.

② 따라서 ㉠에 알맞은 수는 ☐+☐=☐입니다. 이와 같은 방법으로 빈 곳을 채우면 오른쪽 그림과 같습니다.

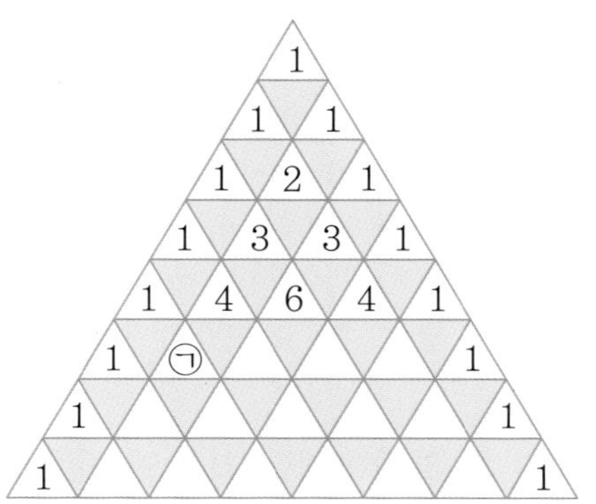

유제 예제의 파스칼의 삼각형에서 10째 번 줄의 수를 1부터 차례대로 쓰시오.

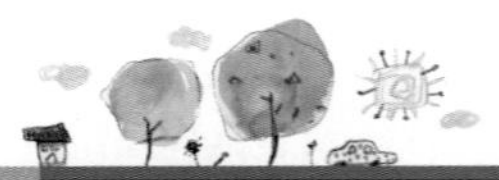

유형 12-1 하노이 탑

하노이의 탑에서 가 기둥에 쌓여 있는 4개의 원판을 그 순서대로 모두 다른 한 기둥으로 옮기는 최소 이동 횟수를 구하시오.

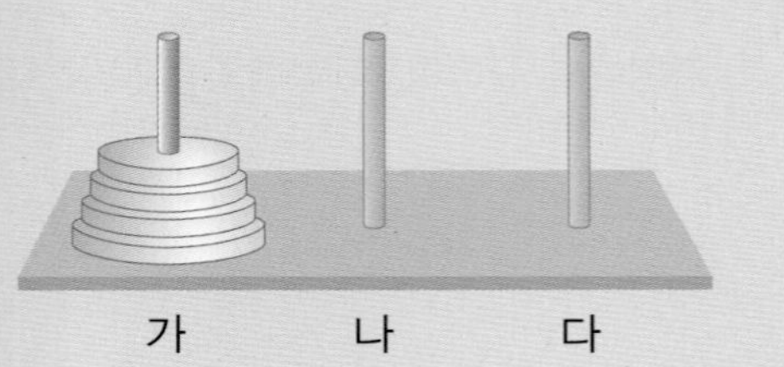

1 한 개의 원판을 다른 기둥으로 옮기는 최소 횟수는 1회입니다. n개의 원판을 옮기는 최소 횟수를 ⟨n⟩이라 할 때, 1개의 원판을 옮기는 최소 횟수는 ⟨1⟩=1이 됩니다. 원판이 2개인 경우의 최소 이동 횟수를 구하시오.

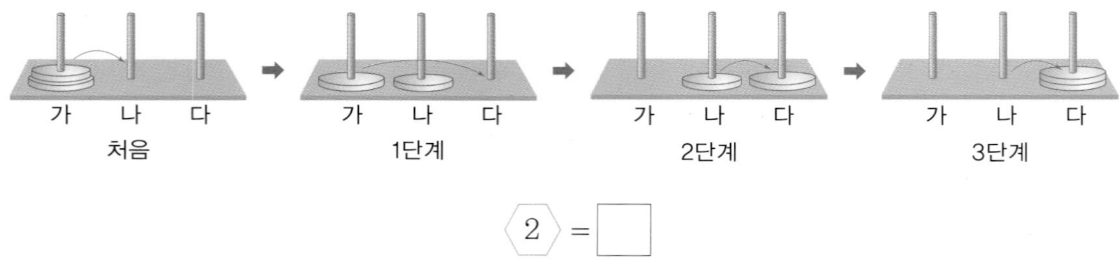

⟨2⟩ = □

2 원판이 3개인 경우의 최소 이동 횟수 ⟨3⟩을 구하시오.

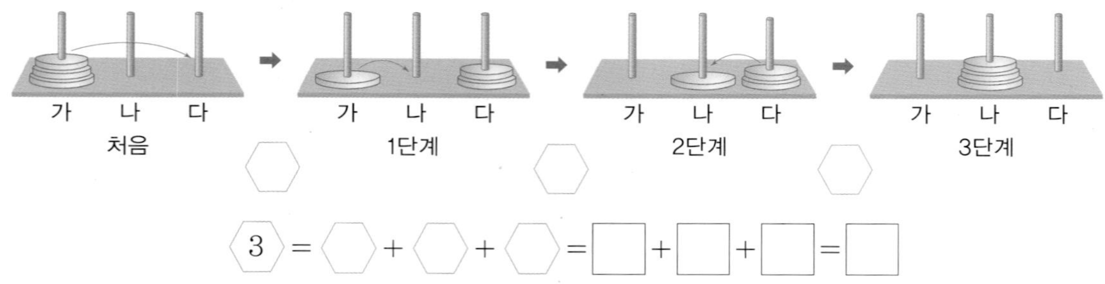

⟨3⟩ = ⟨ ⟩ + ⟨ ⟩ + ⟨ ⟩ = □ + □ + □ = □

3 원판이 4개인 경우의 이동 과정을 그림으로 나타내고, 최소 이동 횟수 ⟨4⟩를 구하시오.

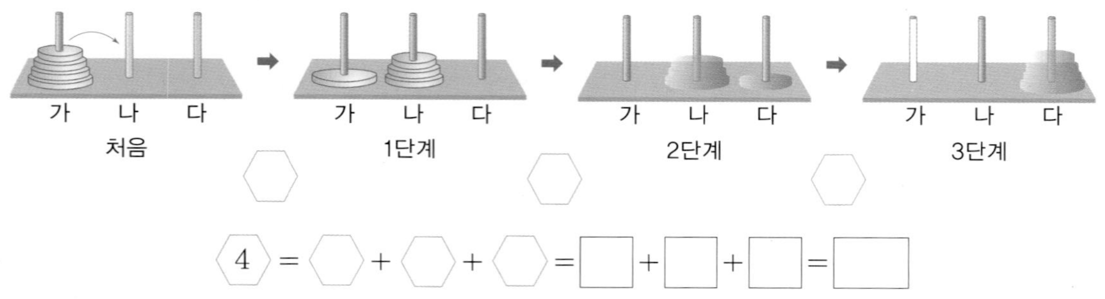

⟨4⟩ = ⟨ ⟩ + ⟨ ⟩ + ⟨ ⟩ = □ + □ + □ = □

확인문제

Key Point

먼저 4개의 원판을 다른 기둥으로 옮긴 다음 남아 있는 가장 큰 원판을 또 다른 기둥으로 옮깁니다.

1 한 기둥에 쌓여 있는 5개의 원판을 같은 모양으로 모두 다른 한 기둥으로 옮기는 최소 이동 횟수를 구하시오.

삼각형 판이 옮겨지는 위치에 알맞은 크기의 삼각형을 색칠합니다.

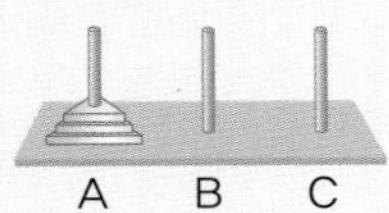

2 한 기둥에 쌓여 있는 3개의 삼각형 판을 다른 한 기둥으로 모두 옮기는 방법을 그림으로 표현한 것입니다. 그림을 완성하여 최소 이동 횟수를 구하시오.

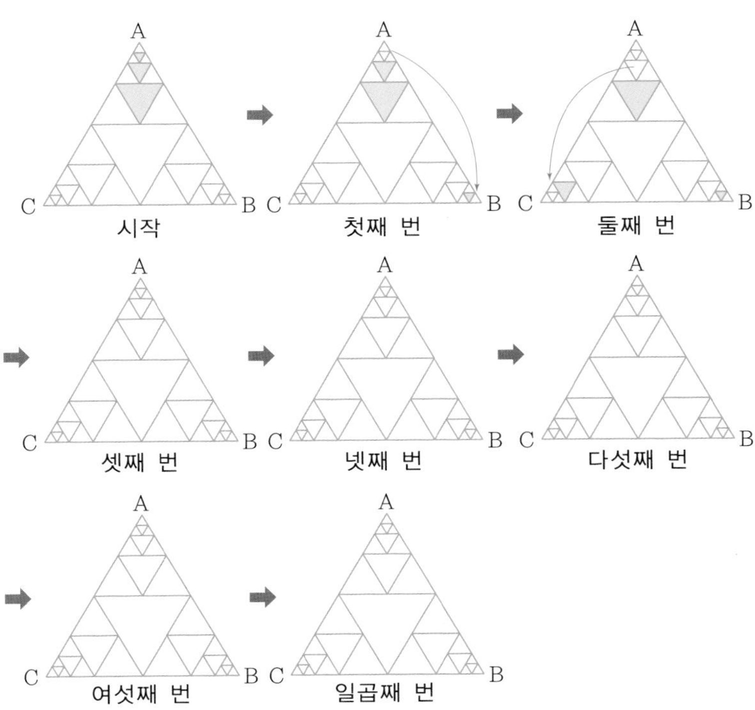

유형 12-2 파스칼의 삼각형

파스칼의 삼각형에서 다음과 같이 각 줄을 1행, 2행, 3행, …이라고 할 때, 규칙을 찾아 7행의 합을 구하시오.

1행	1	1=1
2행	1 1	1+1=2
3행	1 2 1	1+2+1=4
4행	1 3 3 1	⋮
5행	1 4 6 4 1	
⋮	⋮	

1 1행의 합은 1, 2행의 합은 1+1=2, 3행의 합은 1+2+1=4입니다. 4행과 5행의 합을 각각 구하시오.

2 각 행의 합을 표로 나타내고 규칙을 쓰시오.

행	1	2	3			
합	1	2	4			

3 **2**의 규칙을 이용하여 7행의 합을 구하시오.

확인문제

Key Point

파스칼의 삼각형의 8행의 합은 7행의 합의 몇 배인지 생각해 봅니다.

1 다음은 파스칼의 삼각형의 8행의 수를 나열한 것입니다. 빈 칸에 알맞은 수를 써 넣으시오.

1 7 21 ☐ ☐ 21 7 1

수열에서 이웃한 두 수를 더해 봅니다.

2 파스칼의 삼각형에서 그림과 같이 묶은 수들의 합을 차례로 나열한 수열을 완성하시오.

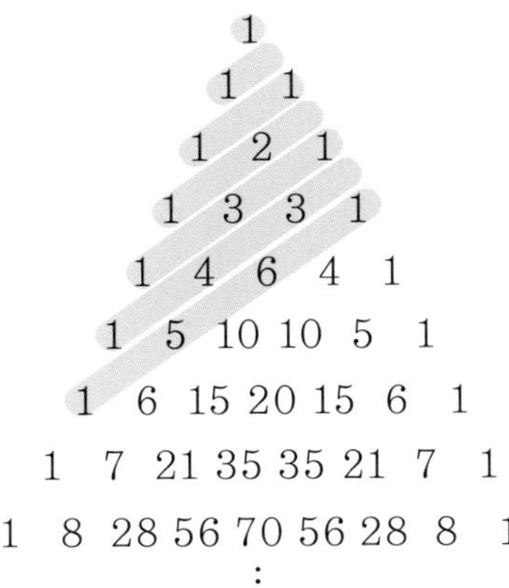

➡ 1, 1, 2, 3, 5, 8, ☐, ☐, ☐, ☐, ⋯

창의사고력 다지기

1 그림과 같이 A 기둥에 쌓여 있는 3개의 원판을 C 기둥으로 모두 옮기려고 합니다. 다음 표를 완성하고, 최소 이동 횟수를 구하시오. (단, A 기둥의 가장 작은 원판부터 ①, ②, ③으로 나타냅니다.)

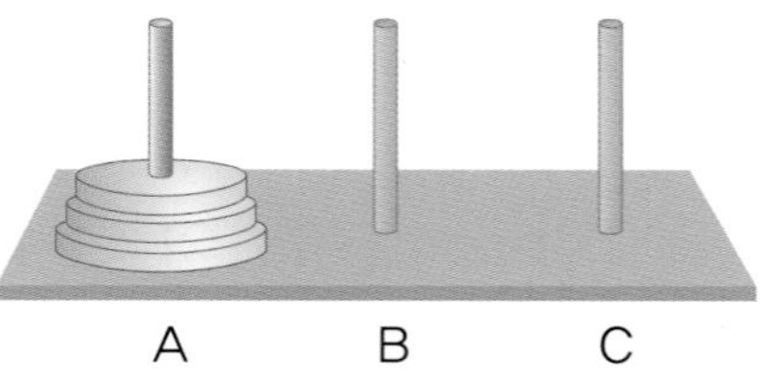

<table>
<tr><th rowspan="2">단계</th><th rowspan="2">이동 그림</th><th colspan="3">이동 과정</th></tr>
<tr><th>A</th><th>B</th><th>C</th></tr>
<tr><td>처음</td><td>A B C</td><td>1
2
3</td><td>·</td><td>·</td></tr>
<tr><td rowspan="3">1단계
(2개의 원판을
B 기둥으로 옮깁니다.)</td><td rowspan="3">A B C</td><td>2
3</td><td>·</td><td>1</td></tr>
<tr><td>3</td><td>2</td><td>1</td></tr>
<tr><td>3</td><td>1
2</td><td>·</td></tr>
<tr><td>2단계
(가장 큰 원판을
C 기둥으로 옮깁니다.)</td><td>A B C</td><td>·</td><td></td><td></td></tr>
<tr><td rowspan="3">3단계
(B 기둥에 있는
2개의 원판을
C 기둥으로 옮깁니다.)</td><td rowspan="3">A B C</td><td></td><td></td><td></td></tr>
<tr><td></td><td>·</td><td></td></tr>
<tr><td>·</td><td>·</td><td>1
2
3</td></tr>
</table>

2 다음은 하노이 탑의 최소 이동 횟수를 차례로 나열한 수열입니다. 수열의 규칙을 이용하여 원판의 개수가 7개인 경우의 최소 이동 횟수를 구하시오.

1 − 3 − 7 − 15 − □ − □ − □

3 다음과 같이 배열된 수의 규칙을 찾아 빈 칸에 알맞은 수를 써 넣으시오.

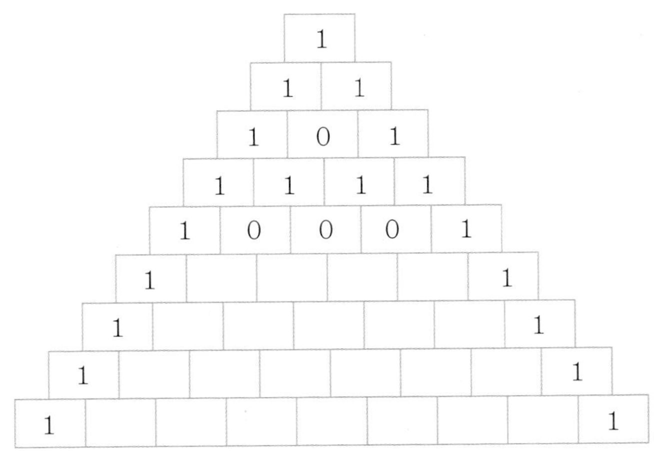

4 다음과 같은 육각형 모양의 미로에 개미들을 넣으면 각 갈림길에서 개미들은 그 수가 정확히 반으로 나뉘어서 간다고 합니다. 처음에 64마리의 개미를 넣었다면 A, B, C, D, E 지점에 도착한 개미들은 각각 몇 마리입니까?

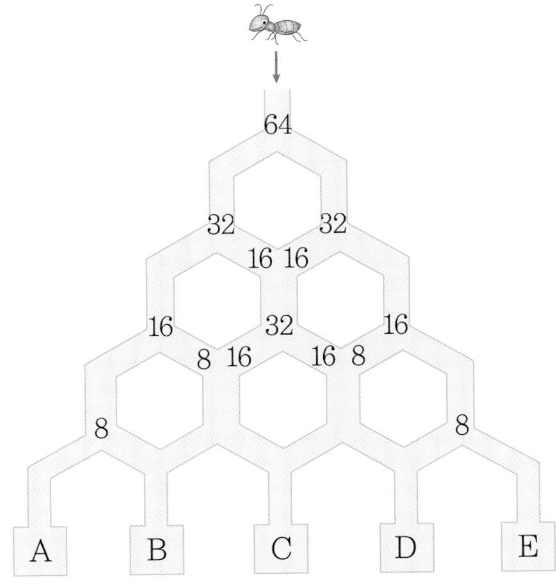

Memo

V 측정

측정

13 원의 둘레와 넓이

개념학습 원의 둘레와 넓이

① (원의 둘레)=(지름)×(원주율), (원의 넓이)=(반지름)×(반지름)×(원주율)

② 원과 다각형이 섞여 있는 도형에서 둘레의 길이를 구할 때는 직선인 부분과 곡선인 부분을 구분한 다음, 곡선 부분은 원의 둘레를 이용하여 구합니다. 넓이를 구할 때는 도형끼리의 넓이를 더하고 빼서 간단히 한 다음, 원의 넓이를 이용해서 구합니다.

(색칠된 부분의 둘레) = (+ (+ — + — = ○ + — —

(색칠된 부분의 넓이) = ◖ + ◧ − ◖ = ▯

예제 오른쪽 그림의 색칠된 부분의 둘레의 길이와 넓이를 각각 구하시오.

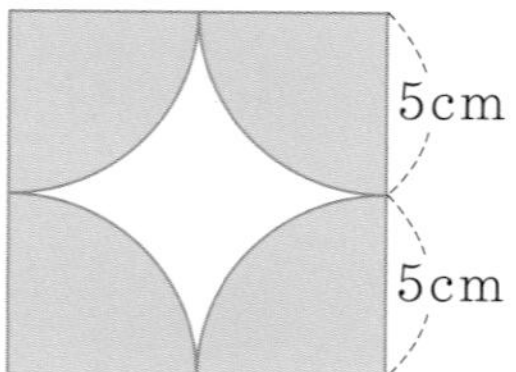

강의노트

① 둘레 중 직선인 부분은 한 변이 □cm인 정사각형의 둘레의 길이와 같고, 곡선인 부분은 반지름이 □cm인 원의 둘레의 길이와 같습니다.

② 따라서 둘레의 길이는 □×4+□×3.14=□(cm)입니다.

③ 색칠된 부분의 넓이를 합하면 반지름이 5cm인 원의 넓이와 같으므로 □×□×3.14=□(cm^2)입니다.

유제 다음 그림의 색칠된 부분의 둘레의 길이와 넓이를 각각 구하시오.

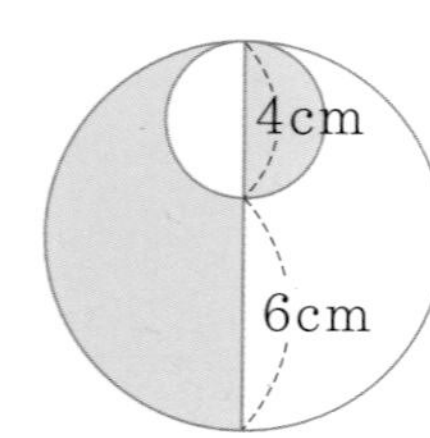

개념학습

움직이는 원

움직이는 원의 경로는 원의 방향이 바뀌는 점에서 곡선으로 움직이는지 직선으로 움직이는지 주의하여 살펴봅니다.

〈오목한 부분에서의 원의 경로〉

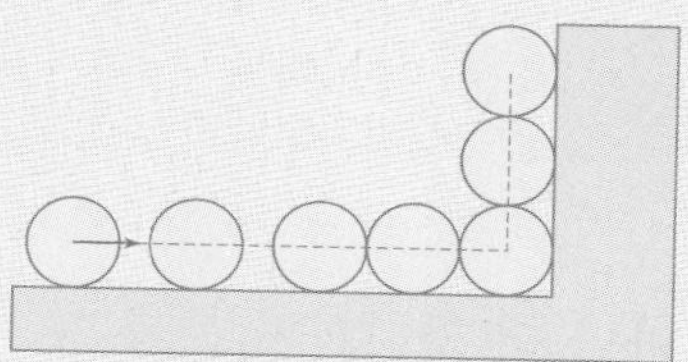

도형의 모양과 똑같이 꺾어 집니다.

〈볼록한 부분에서의 원의 경로〉

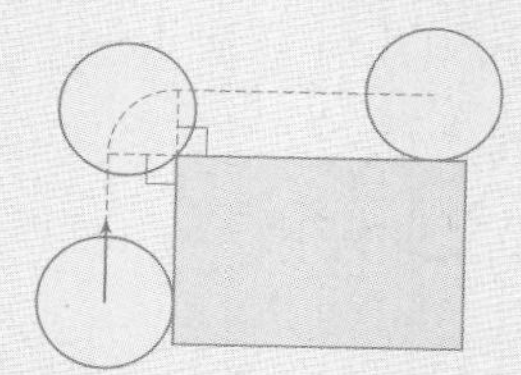

도형과 평행하게 움직이다가 뾰족한 부분에서 곡선으로 움직입니다.

예제 한 변이 5cm인 정사각형 위를 지름이 2cm인 원이 돌고 있습니다. 한 바퀴 돌아와 처음 출발한 지점에 도착하였을 때, 원의 중심이 움직인 거리는 몇 cm입니까?

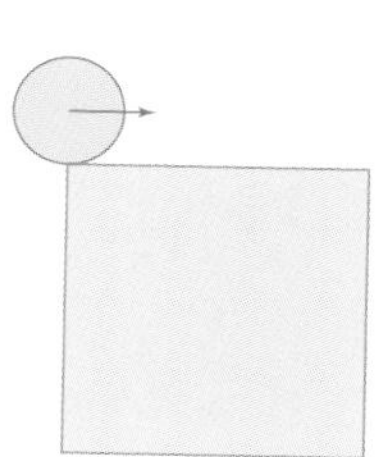

강의노트

① 원이 정사각형을 한 바퀴 돌 때, 원의 중심이 지나간 경로는 오른쪽 그림과 같습니다.

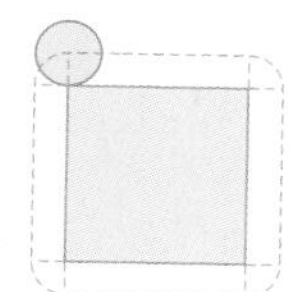

② 원의 중심이 움직인 경로 중 직선인 부분의 길이는 정사각형의 둘레의 길이와 같으므로 ☐cm입니다.

③ 곡선인 부분의 길이는 지름이 2cm인 원의 둘레와 같으므로 2×☐=☐(cm)입니다.

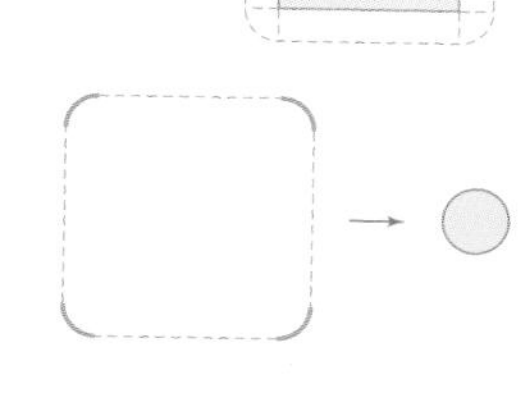

④ 따라서 원의 중심이 움직인 거리는 ☐+☐=☐(cm)입니다.

유제 반지름이 4cm인 원이 오른쪽과 같이 정사각형 모양으로 올라온 부분이 있는 길 위를 굴러갑니다. 이 원의 중심이 움직인 경로의 길이를 구하시오.

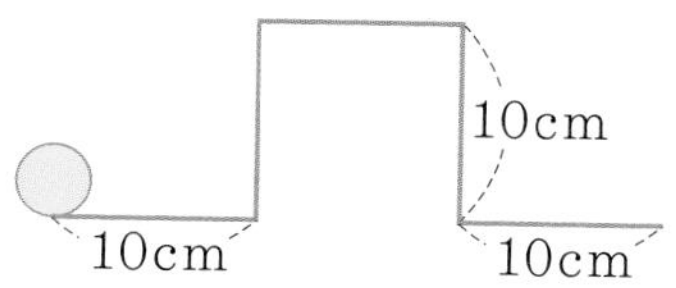

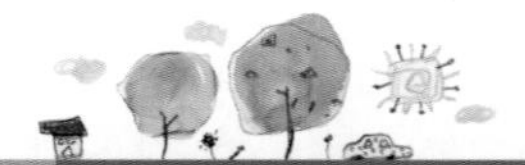

유형 13-1 늘어나는 원의 둘레

오른쪽 그림과 같이 지구 위에 높이가 2m인 전봇대를 세우고 전깃줄로 연결하였습니다. 전깃줄의 길이는 지구의 둘레의 길이보다 얼마나 더 깁니까? (단, 전봇대는 완전한 구 모양의 지구의 둘레 위에 한 줄로 세워져 있다고 생각합니다.)

1 전깃줄로 만든 원의 지름은 지구의 지름보다 얼마나 더 큽니까?

2 지구의 지름을 ■라고 할 때, 지구의 둘레의 길이와 전깃줄의 길이를 각각 ■를 사용한 식으로 나타내시오.

3 전깃줄의 길이는 지구 둘레의 길이보다 몇 m 더 깁니까?

4 호동이네 학교에 있는 원 모양의 씨름장의 지름을 1m 크게 한다고 합니다. 커진 씨름장의 둘레의 길이는 처음에 있던 씨름장의 둘레의 길이보다 몇 m 더 깁니까?

1 10원짜리 동전의 둘레를 따라 500원짜리 동전을 10바퀴 돌릴 때 500원짜리 동전의 중심이 움직인 거리는 몇 cm입니까? (단, 500원짜리 동전의 지름은 2.6cm, 10원짜리 동전의 지름은 2.2cm로 계산합니다.)

Key Point

500원짜리 동전의 중심이 그리는 원의 지름은 두 동전의 지름의 합입니다.

2 다음과 같은 운동장 트랙이 있습니다. 이 운동장의 트랙 안쪽의 길이는 400m입니다. 이 트랙의 폭이 2m라면 트랙의 바깥쪽의 길이는 몇 m입니까?

트랙 안쪽과 바깥쪽의 직선 구간의 길이는 같습니다.

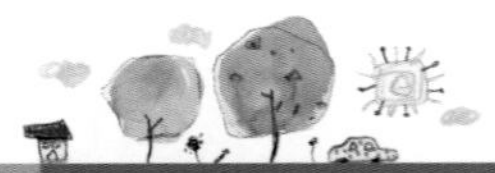

유형 13-2 풀을 뜯을 수 있는 범위

가로 4m, 세로 3m인 직사각형 모양의 울타리에 5m 길이의 끈으로 소가 묶여 있습니다. 이 소가 풀을 뜯을 수 있는 부분의 넓이를 구하시오.

1 소가 움직일 수 있는 부분을 그림으로 나타내면 다음과 같습니다. 초록색 부분은 반지름의 길이가 ㉠인 원의 ㉡입니다. ㉠, ㉡에 알맞은 수를 구하시오.

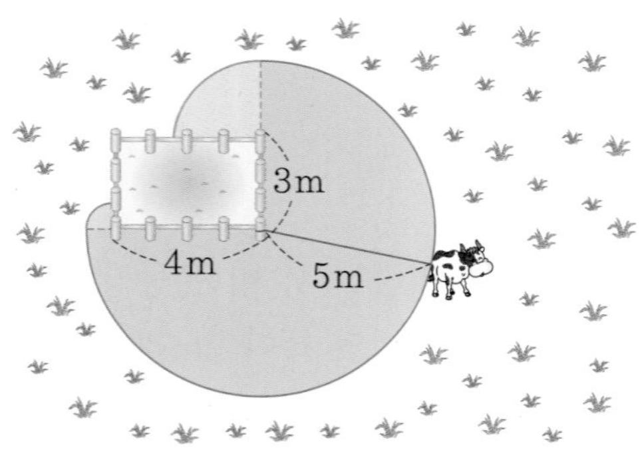

2 **1**에서 파란색 부분은 반지름의 길이가 ㉢인 원의 ㉣입니다. ㉢, ㉣에 알맞은 수를 구하시오.

3 **1**에서 노란색 부분은 반지름의 길이가 ㉤인 원의 ㉥입니다. ㉤, ㉥에 알맞은 수를 구하시오.

4 소가 풀을 뜯을 수 있는 부분의 넓이는 몇 m^2입니까?

1 다음 그림과 같이 정삼각형 모양의 한 꼭짓점에 염소가 묶여 있습니다. 염소를 묶어 놓은 줄의 길이가 6m라고 할 때, 이 염소가 움직일 수 있는 부분의 넓이를 반올림하여 소수 첫째 자리까지 구하시오.

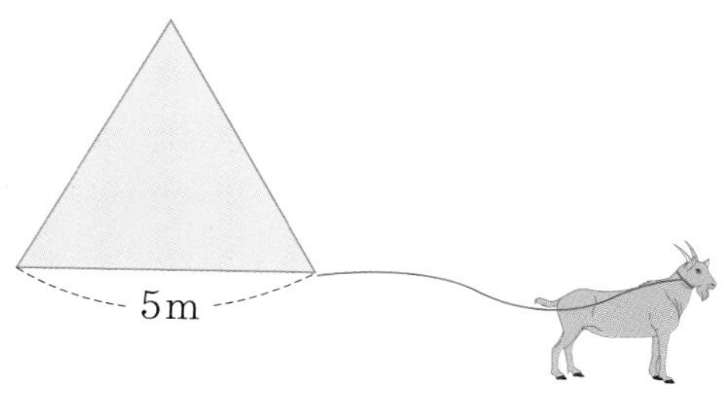

Key Point

소가 움직일 수 있는 부분은 그림과 같습니다.

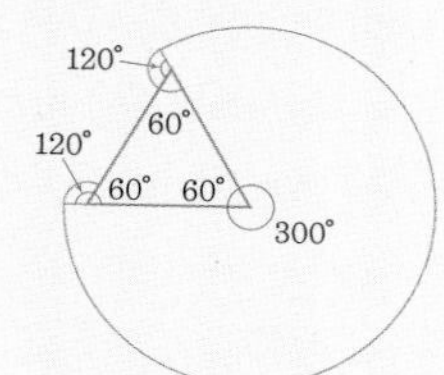

2 한 변의 길이가 4cm인 정사각형의 바깥쪽으로 반지름이 1cm인 원이 한 바퀴 굴러 제자리로 돌아올 때, 이 원이 지나간 자리의 넓이를 구하시오.

원이 지나간 자리는 다음 그림과 같습니다.

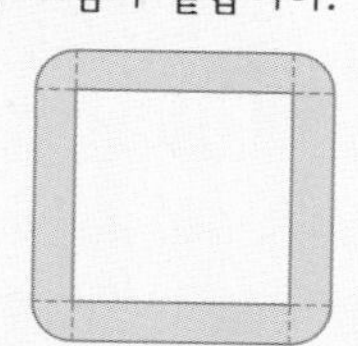

창의사고력 다지기

1 큰 정사각형의 한 변의 길이는 10cm입니다. 색칠된 부분의 넓이를 구하시오.

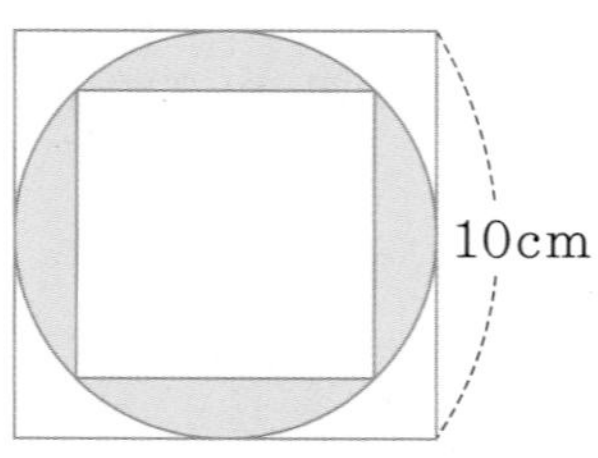

2 다음 그림과 같이 네 마리의 개미가 출발점에서 도착점까지 서로 다른 크기의 반원으로 이루어진 길을 따라 이동하고 있습니다. 네 마리의 개미의 빠르기가 같다면 가장 빨리 도착하는 개미를 찾고, 그 이유를 쓰시오.

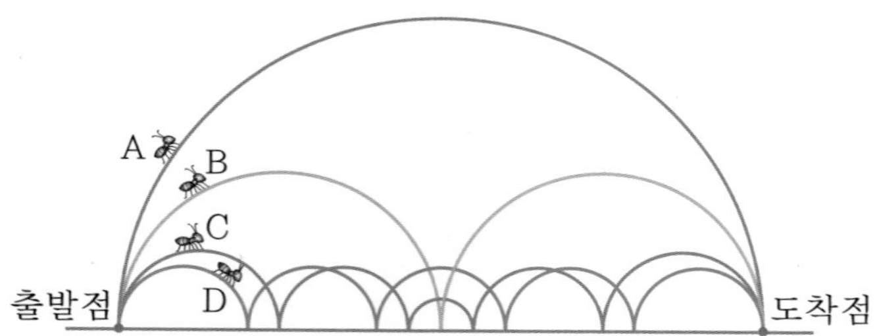

3 한 변의 길이가 10cm인 정삼각형이 1m 길이의 막대 위를 굴러 끝까지 갈 때, 점 ㉠이 움직이는 거리를 구하시오.

4 그림과 같이 100원짜리 동전 두 개를 놓고 ㉠ 동전을 고정시킵니다. ㉡ 동전을 미끄러지지 않게 회전하면서 ㉠ 동전을 한 바퀴 돌아 처음 자리로 돌아오면 ㉡ 동전은 몇 바퀴 돌게 됩니까?

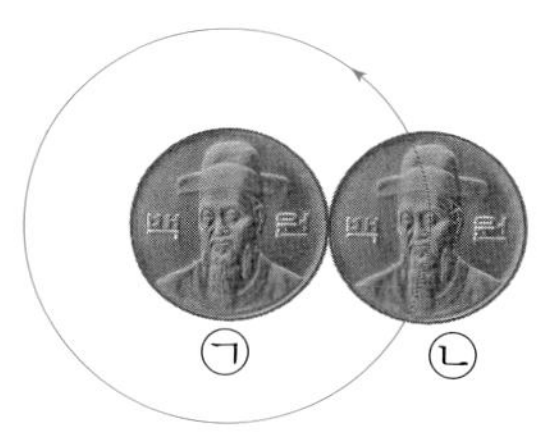

14 샘 로이드 퍼즐

개념학습 도형 퍼즐

① 도형을 잘라 다른 도형으로 만드는 것을 도형 퍼즐이라고 합니다.

② 직사각형 바꾸기

직사각형을 가로와 세로의 길이가 각각 같게 계단 모양으로 잘라 붙이면 넓이가 같고 모양이 다른 직사각형 또는 정사각형을 만들 수 있습니다.

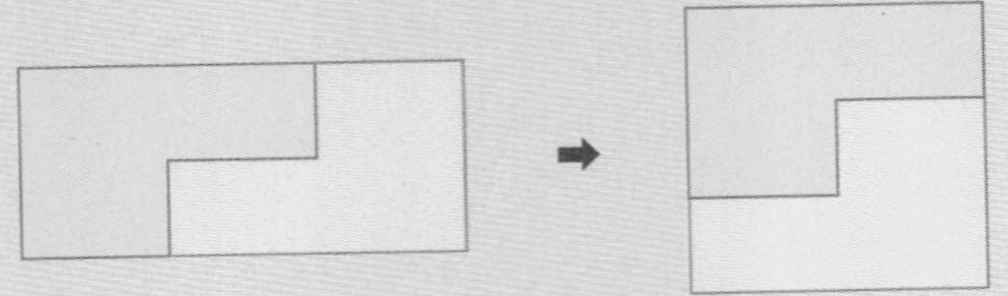

③ 도형을 잘라 다른 도형을 만드는 것은 도형의 넓이를 구할 때도 이용됩니다.

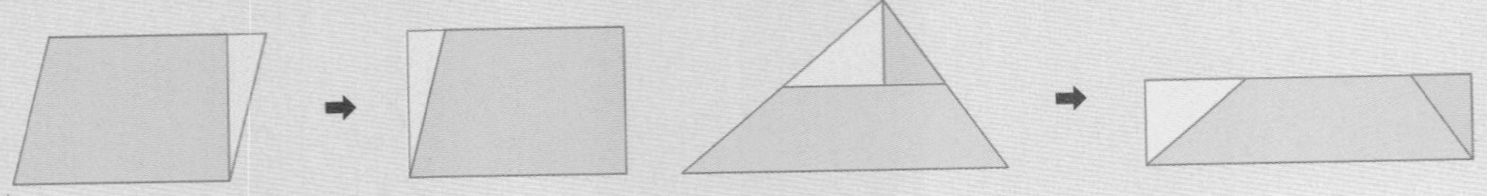

예제 다음 둔각삼각형을 잘라 밑변의 길이가 같고 높이가 $\frac{1}{2}$인 직사각형을 만들어 삼각형의 넓이를 구하는 공식을 설명하려고 합니다. 가능한 조각의 수가 적게 되도록 잘라서 직사각형을 만드시오.

강의노트

① 오른쪽 그림과 같이 삼각형 높이의 $\frac{1}{2}$을 지나게 자르고, 삼각형의 둔각을 직각으로 자릅니다.

② 세 조각 중 삼각형 ㉠, ㉡을 옮겨 붙이면 다음과 같이 높이가 삼각형의 $\frac{1}{2}$이고 밑변의 길이는 같은 직사각형을 만들 수 있습니다.

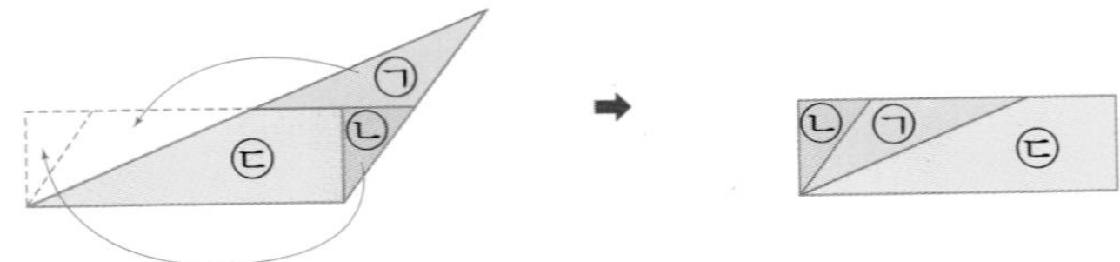

③ 따라서 (삼각형의 넓이)=(밑변)×(높이)÷☐

개념학습 샘 로이드 퍼즐

① 샘 로이드는 1900년 전후로 활동했던 수학자이자 퍼즐 작가로서 재미있는 주제를 가지고 많은 퍼즐 문제를 만들었습니다. 그가 만든 문제들은 100년이 넘게 전세계인들의 창의력 계발에 도움이 되고 있습니다.

② 오른쪽 그림은 샘 로이드가 만든 퍼즐 중의 하나로 조각들을 다른 방법으로 이어 붙여 직사각형, 직각삼각형, 평행사변형, 십자가 모양 등을 만들 수 있습니다.

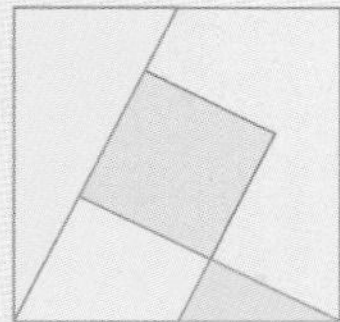

예제 왼쪽의 도형 조각으로 오른쪽 십자가 모양을 만들어 보시오.

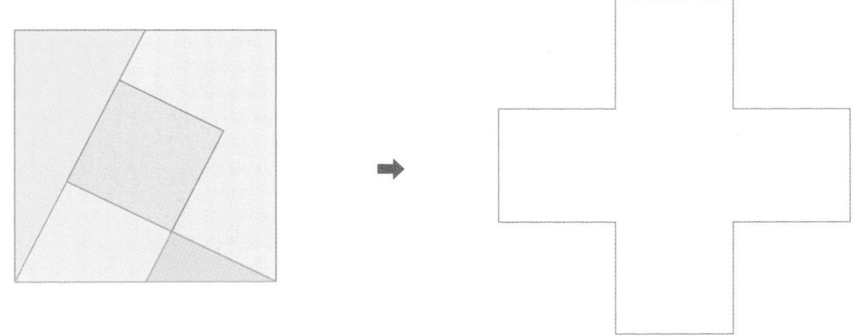

강의노트

① 다섯 개의 조각 중 가장 큰 파란색 조각이 십자가 모양을 만들 수 있는 위치는 오른쪽과 같습니다. 따라서 작은 직각삼각형의 위치는 ㉮가 되고, 정사각형의 위치는 ㉯ 또는 ㉰입니다.

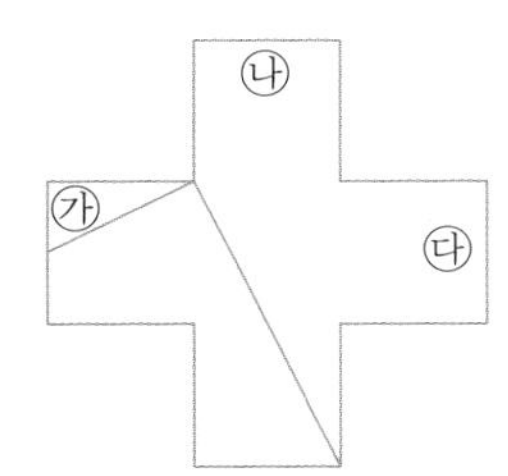

② 남은 두 도형을 정사각형의 위치에 따라 맞추어 보면 다음과 같은 모양이 나옵니다.

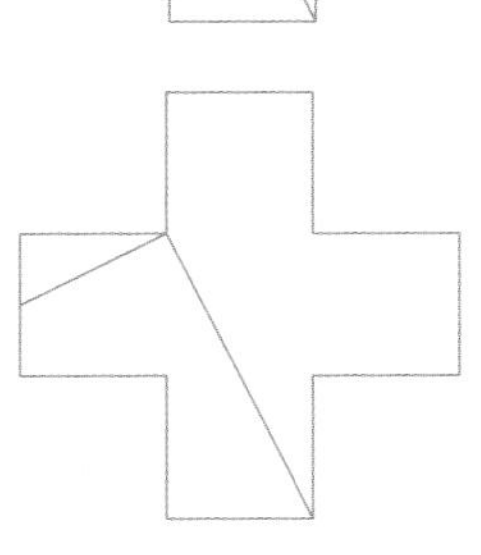

유제 다음 정사각형 모양의 도형 조각을 다시 붙여서 직사각형 모양을 만들어 보시오.

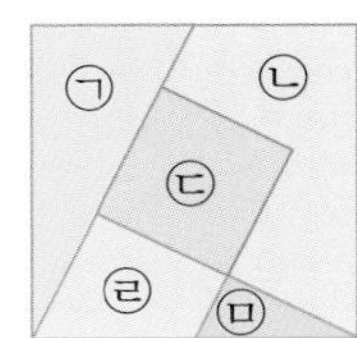

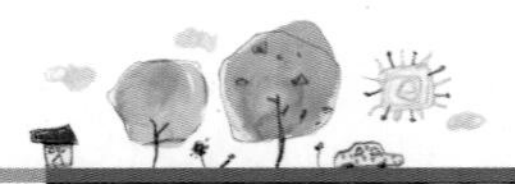

유형 14-1 계단 모양으로 자르기

다음은 가로 9cm, 세로 4cm인 직사각형을 한 변이 1cm인 정사각형으로 나누어 놓은 그림입니다. 직사각형을 선을 따라 두 조각으로 자른 후 다시 붙여서 정사각형을 만들어 보시오.

1 위의 직사각형의 넓이를 구하고, 만들어야 할 정사각형의 한 변의 길이를 구하시오.

2 **1**에서 구한 정사각형을 만들려면 직사각형의 가로와 세로는 각각 몇 cm씩 늘이거나 줄여야 합니까?

3 **2**에서 구한 길이로 직사각형을 나누어 보시오.

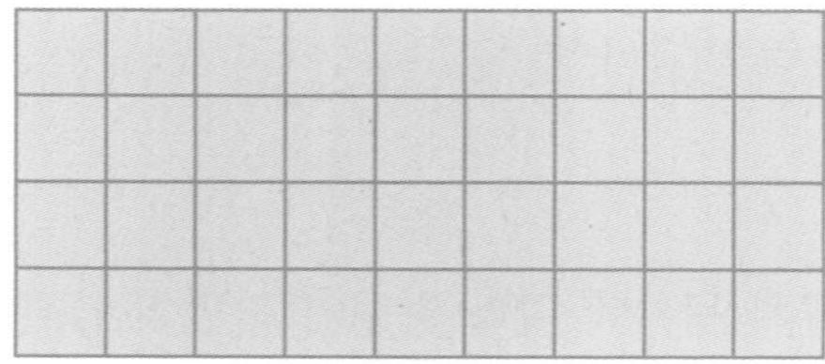

4 **3**에서 나눈 선을 참고로 하여 직사각형을 잘라 정사각형을 만들어 보시오.

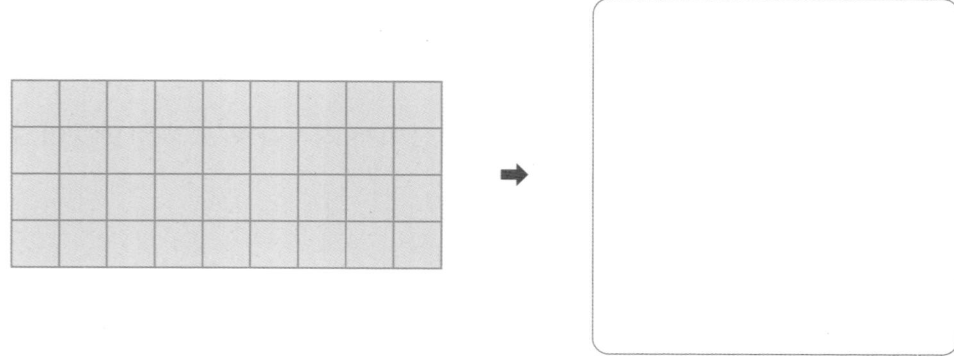

Key Point

가로를 2cm, 세로를 1cm로 나누고 계단 모양으로 자르는 방법을 생각해 봅니다.

1 다음은 가로 8cm, 세로 3cm의 직사각형을 작은 정사각형으로 나눈 것입니다. 선을 따라 잘라 두 조각으로 나눈 후 다시 붙여서 가로 6cm, 세로 4cm인 직사각형을 만들어 보시오.

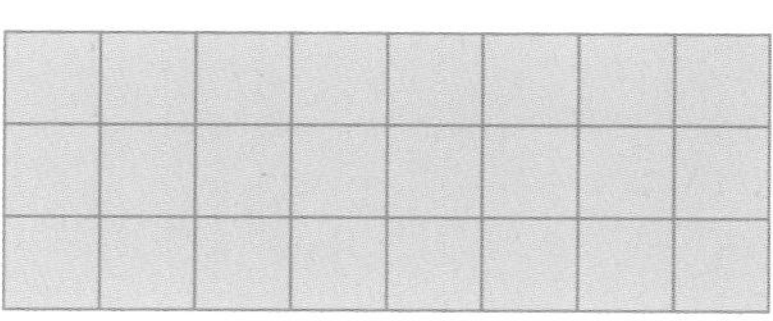

넓이가 $36cm^2$이므로 한 변의 길이가 6cm인 정사각형을 만들어야 합니다.

2 다음은 가로 9cm, 세로 4cm인 직사각형입니다. 이 직사각형을 계단 모양으로 잘라 두 조각으로 나눈 후, 조각을 옮겨 붙여서 정사각형을 만들려고 합니다. 직사각형에 자르는 선을 그려 보시오.

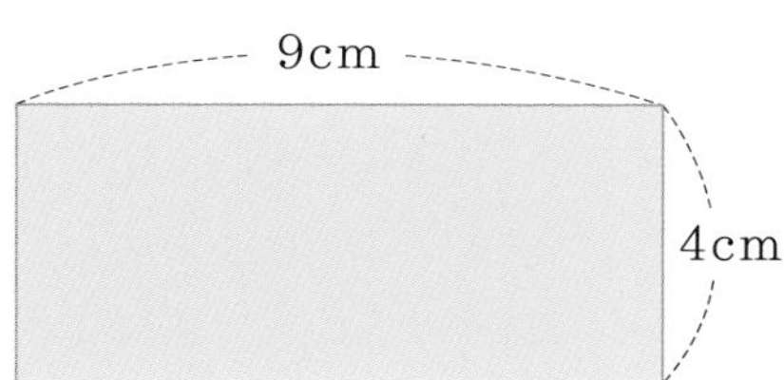

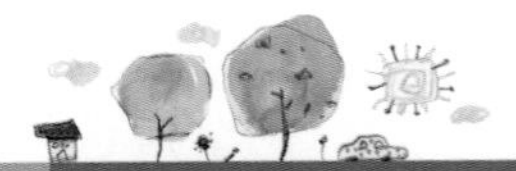

유형 14-2 펜토미노 도형 퍼즐

정사각형을 5개 붙여서 만든 T펜토미노를 같은 모양, 같은 크기 4개로 잘라 X펜토미노를 만들어 보시오.

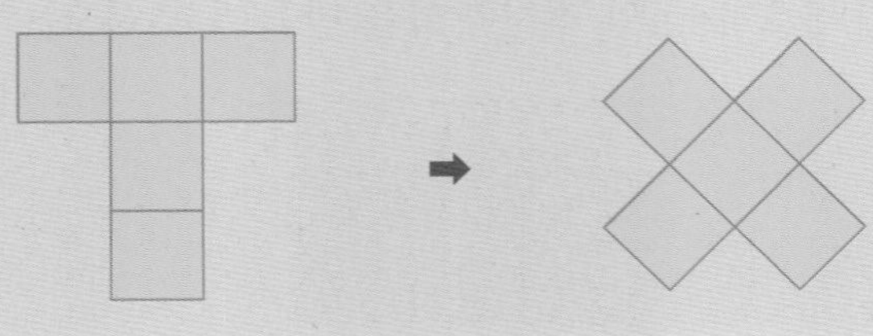

1 다음은 T펜토미노를 4등분하는 방법을 찾기 위해 작은 정사각형을 각각 4등분한 그림입니다. T펜토미노를 4등분하는 선을 그리시오.

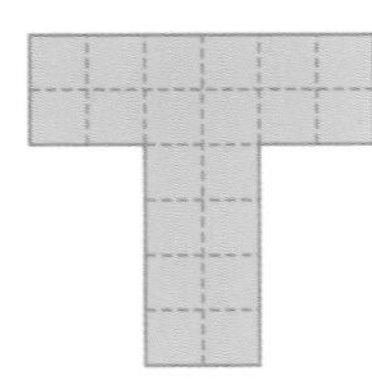

2 4등분한 조각으로 X펜토미노를 덮어 보시오.

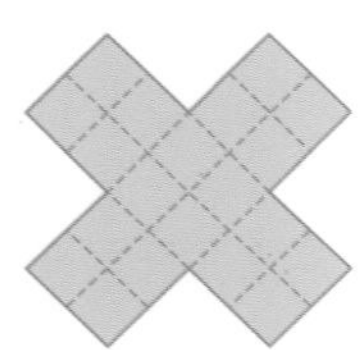

3 T펜토미노를 4등분하여 U펜토미노와 F펜토미노도 각각 만들어 보시오.

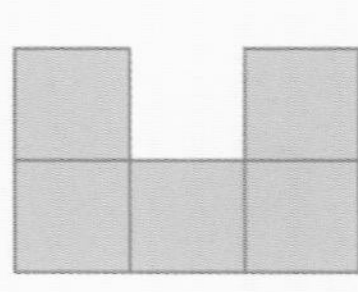

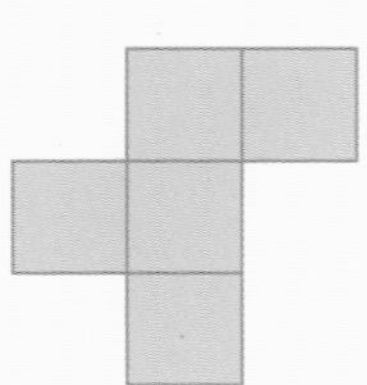

1 정사각형 5개를 붙여서 만든 T펜토미노를 가능한 조각의 수가 적게 잘라 정사각형을 만드는 방법은 |보기|와 같이 펜토미노 위에 정사각형을 그려서 찾을 수 있습니다. |보기|와 다른 방법으로 T펜토미노를 골라 정사각형을 만들어 보시오.

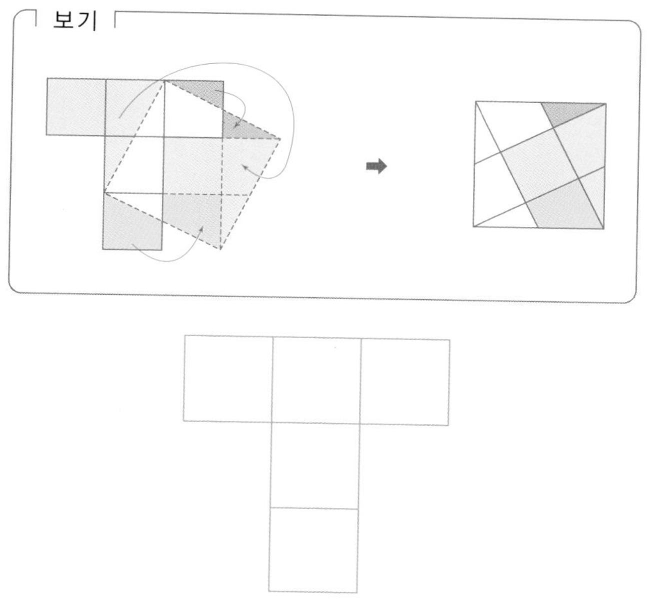

Key Point

펜토미노 위에 정사각형 그림을 그려 봅니다.

2 다음 그림을 두 조각으로 잘라 정사각형을 만들려고 합니다. 자르는 선을 그려 보시오.

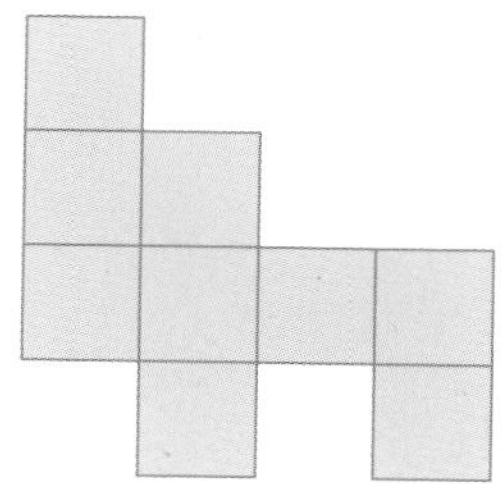

넓이가 9이므로 한 변의 길이가 3인 정사각형을 만들 수 있습니다.

창의사고력 다지기

1 다음 그림은 유클리드 퍼즐입니다. 평행사변형을 만들어 보시오.

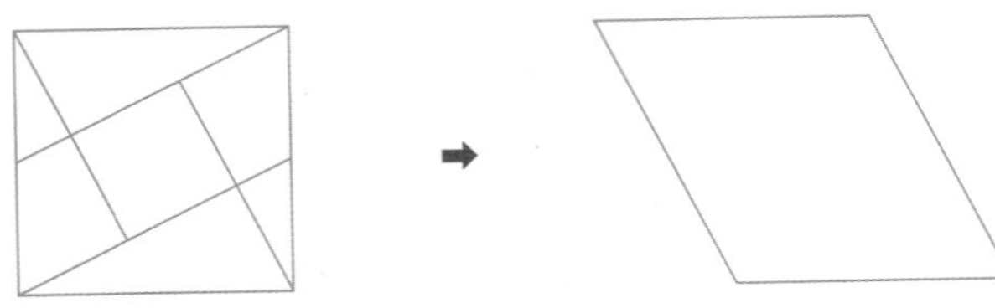

2 다음 그림은 가로 25cm, 세로 16cm의 직사각형입니다. 직사각형을 두 조각으로 잘라 붙여서 정사각형을 만들어 보시오.

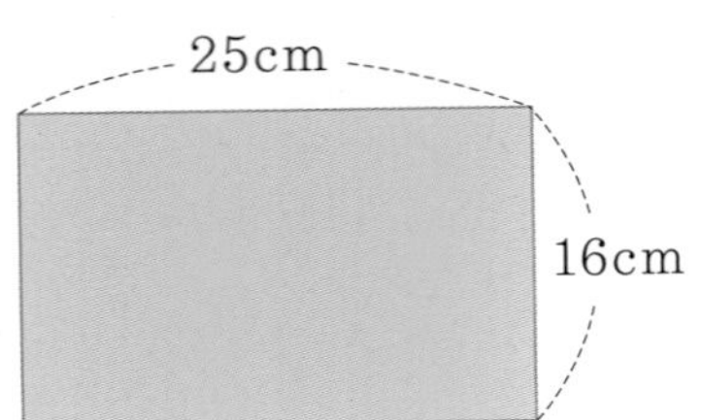

3 작은 정사각형 5개로 이루어진 U펜토미노 모양을 4조각으로 잘라 정사각형을 만들려고 합니다. 왼쪽 그림을 잘라 오른쪽 그림을 채워 보시오.

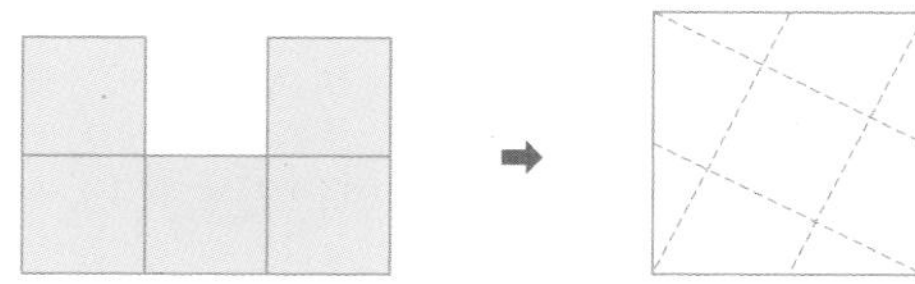

4 다음 그림과 같은 모양의 천을 잘라 겹치는 부분 없이 붙여서 정사각형 모양의 손수건을 만들려고 합니다. 점선을 따라 자르는 선을 그려 보시오.

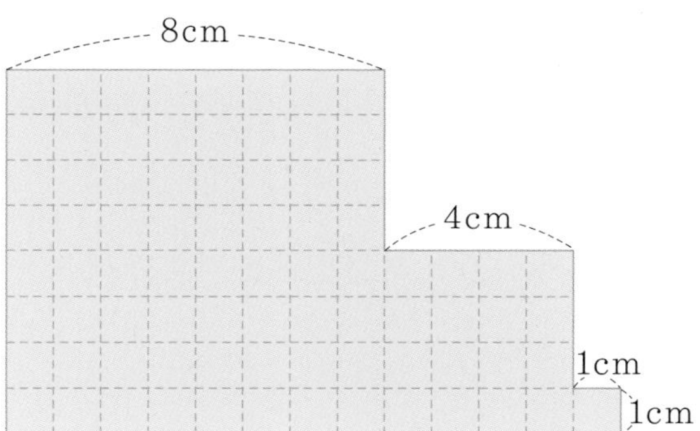

15 시계와 각

개념학습 시침과 분침이 이루는 각

① 시계의 분침은 1시간 동안 360° 움직이므로 1분에 360°÷60=6° 움직입니다.
시계의 시침은 12시간 동안 360° 움직이므로 1시간에 360°÷12=30°, 1분에 30°÷60=0.5° 움직입니다.

② 시계의 분침은 1분에 6°, 시침은 1분에 0.5° 움직이므로 분침은 시침보다 1분에 5.5°씩 더 빨리 움직입니다.

예제 4시 35분을 가리키고 있는 시계의 시침과 분침이 이루는 작은 각의 크기를 구하시오.

강의노트

① 시침이 숫자 4, 분침이 숫자 7을 가리킨다고 할 때, 시침과 분침이 이루는 각의 크기는 ☐입니다.

② 분침이 4시 정각에서 4시 35분까지 움직이는 동안 시침도 따라 움직입니다.
시침은 1분에 0.5°씩 움직이므로 35분 동안 움직인 각은 ☐입니다.

③ 따라서 4시 35분에 시침과 분침이 이루는 작은 각의 크기는
☐−☐=☐입니다.

유제 지금 시각이 6시 40분일 때, 시침과 분침이 이루는 작은 각의 크기를 구하시오.

개념학습 시침과 분침이 겹치는 시각

① 시침과 분침은 12시 정각에 겹친 다음 12시간 동안 11번 겹치게 됩니다.

② 시침과 분침이 겹쳐지는 시간의 간격이 모두 같으므로 시침과 분침이 겹쳐진 다음, 다시 겹쳐질 때까지 걸리는 시간은 12시간(720분)을 11로 나누면 되므로

$720 \div 11 = 65\frac{5}{11}$(분)입니다.

예제 6시 정각에 시침과 분침이 정확하게 일직선을 이룹니다. 6시를 지나 처음으로 일직선이 되는 시각은 몇 시 몇 분입니까?

강의노트

① 시침과 분침은 6시 정각에 일직선이 된 후 12시간 동안 ☐번 일직선이 됩니다.

② 시침과 분침이 일직선이 되는 시간의 간격이 모두 같으므로 한 번 일직선이 된 후 다시 일직선이 될 때까지 걸리는 시간은 720÷☐=☐(분)입니다.

③ 따라서 6시를 지나 처음으로 일직선이 되는 시각은 6시+☐분=☐시 ☐분입니다.

유제 2시와 3시 사이에 시침과 분침이 겹쳐지는 때는 몇 시 몇 분입니까?

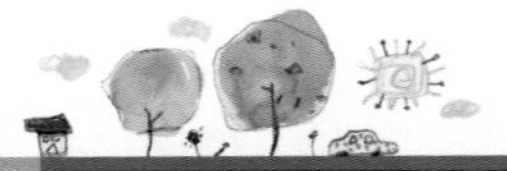

유형 15-1 시침과 분침의 위치로 시각 알기

다음 시계의 시침과 분침이 이루는 작은 각은 80° 입니다. 시계가 가리키는 정확한 시각을 구하시오.

1 1시 정각일 때, 시침과 분침이 이루는 작은 각의 크기를 구하시오.

2 시계에서 분침은 시침보다 빨리 갑니다. 1시 정각에서 위의 시계가 가리키는 시각까지 분침이 시침보다 몇 도만큼 더 갔습니까?

3 1분 동안에 분침은 6°, 시침은 0.5° 움직이므로 분침은 시침보다 5.5° 더 빨리 갑니다. **2**에서 구한 각만큼 빨리 가려면 몇 분이 지나야 합니까?

4 시계가 가리키는 정확한 시각은 몇 시 몇 분입니까?

1 5시 10분에서 분침이 210° 움직였을 때의 시각과 시침이 움직인 각도를 각각 구하시오.

◦ Key Point

분침은 1분에 6°씩 움직입니다.

2 셜록홈즈는 바닥에 떨어져 멈춰 있는 시계를 발견하고, 시계가 멈춘 시각이 사건이 일어난 시각일 것이라고 추측하였습니다. 그러나 이 시계는 눈금과 숫자가 적혀 있지 않아, 각도기로 재어 보니 시침과 분침이 이루는 작은 각의 크기가 120°였습니다. 사건이 1시에서 2시 사이에 일어났다고 할 때, 사건이 일어난 정확한 시각을 구하시오.

1시에서 사건이 일어난 시각까지 분침은 시침보다 150° 더 많이 움직였습니다.

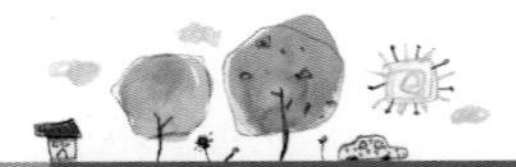

유형 15-2 특수한 시계

45분을 1시간으로, 전체를 9시간으로 하는 특수한 시계가 있습니다. 이 시계가 8시 5분을 가리킬 때, 시침과 분침이 이루는 작은 각의 크기를 구하시오.

1 시침이 숫자 8, 분침이 숫자 1을 가리킨다고 할 때, 두 바늘이 이루는 작은 각의 크기는 몇 도입니까?

2 위 시계의 시침은 9시간 동안 1바퀴를 돌므로 1시간 동안 $360° \div 9=40°$를 움직입니다. 5분 동안 시침이 움직이는 각도를 구하시오.

3 두 바늘이 이루는 작은 각의 크기는 몇 도입니까?

Key Point

시계의 눈금 1칸의 크기는 15°입니다.

1 다음 시계는 60분을 1시간으로, 하루를 24시간으로 하는 시계입니다. 이 시계가 14시 15분일 때, 두 바늘이 이루는 작은 각의 크기를 구하시오.

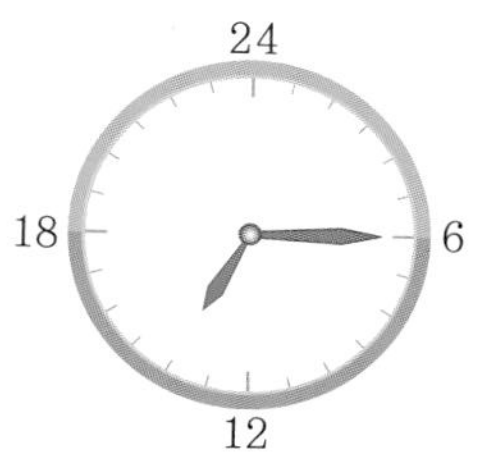

9시간 동안 시침과 분침이 겹쳐지는 횟수를 구하여 시침과 분침이 겹쳐진 후 다시 겹쳐질 때까지 걸리는 시간을 알아봅니다.

2 45분을 1시간으로, 전체를 9시간으로 하는 특수한 시계는 9시 정각에 시계의 시침과 분침이 겹쳐집니다. 시간이 흘러 다시 시침과 분침이 겹쳐지는 최초의 시각을 구하시오.

창의사고력 다지기

1 형철이는 5시 정각에 영화를 보기 시작하였는데, 영화가 끝났을 때 시계를 보니 분침과 시침이 이루는 작은 각이 110° 였습니다. 영화 상영 시간이 10분보다 길고, 60분보다 짧았다면 영화가 끝난 시각은 몇 시 몇 분입니까?

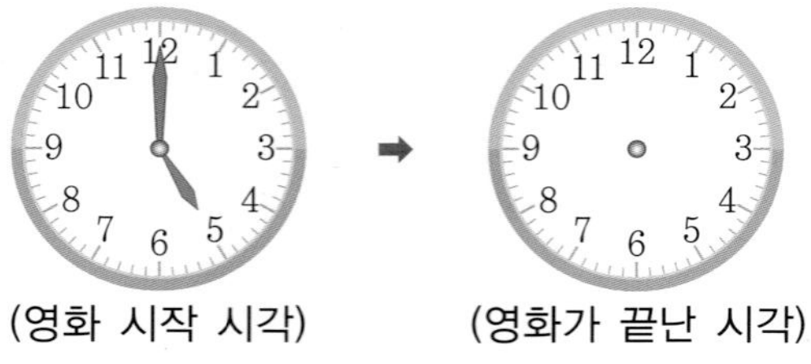

2 민구는 1시와 2시 사이에 시계의 시침과 분침이 겹쳐져 있을 때 공부를 시작하여, 4시와 5시 사이에 시계의 시침과 분침이 겹쳐져 있을 때 공부를 마쳤습니다. 민구가 공부한 시간을 구하시오.

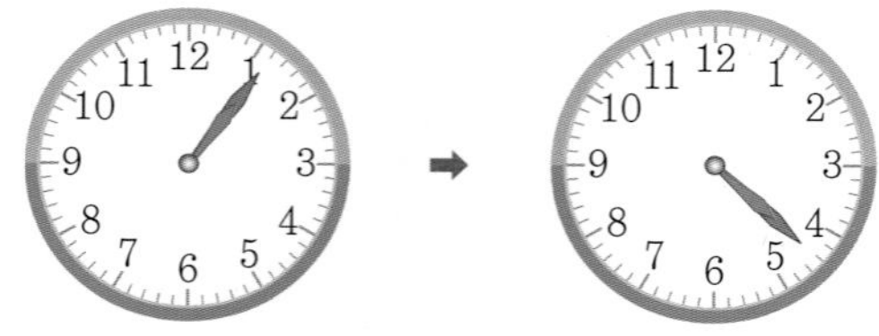

3 다음 그림과 같이 정오각형 모양의 시계의 각 꼭짓점에 시침과 분침이 위치할 때 시각을 구하시오.

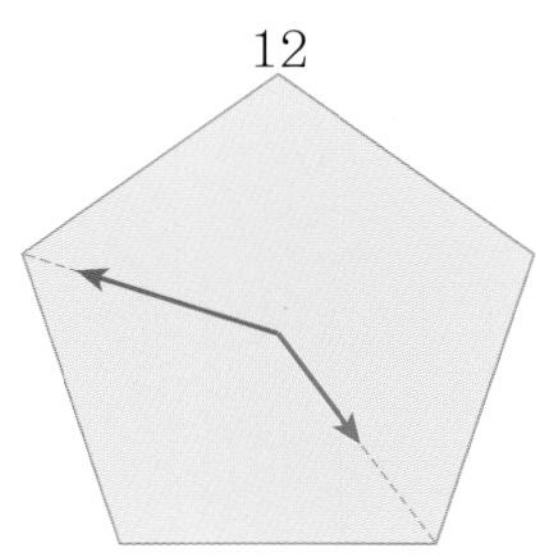

4 어떤 시계를 잘못 조립하여 시침과 분침이 바뀌었습니다. 이 시계가 정확한 시각을 가리키는 때는 하루에 몇 번입니까?

Memo

창의사고력 초등 수학 팩토

팩토 Lv.6 – 기본 A

총괄평가

권장 시험 시간	50분

유의사항

- 총 문항 수(10문항)를 확인해 주세요.
- 권장 시험 시간(50분) 안에 문제를 풀어 주세요.
- 부분 점수가 있는 문제들이 있습니다. 끝까지 포기하지 말고 최선을 다해 주세요.

시험일시 ______ 년 ______ 월 ______ 일

이　름 ____________________

채점 결과를 매스티안 홈페이지(http://www.mathtian.com)에 방문하여 양식에 맞게 입력해 보세요.
「총괄평가 결과지」를 직접 받아보실 수 있습니다.

매스티안

총괄평가

❶ 5개의 숫자 4와 ＋, －, ×, ÷, (　)를 사용하여 계산 결과가 6, 7, 8, 9, 10이 되는 식을 만들어 보시오.

4	4	4	4	4 = 6
4	4	4	4	4 = 7
4	4	4	4	4 = 8
4	4	4	4	4 = 9
4	4	4	4	4 = 10

❷ 다음 나눗셈식이 성립되도록 □ 안에 알맞은 숫자를 써넣으시오.

$$
\begin{array}{r}
3\,\square \\
2\,\square\,\overline{\smash{)}\,7\,\square\,8} \\
\square\,2 \\
\hline
\square\,8 \\
4\,8 \\
\hline
0
\end{array}
$$

3 다음 |보기|와 같이 주어진 수는 그 수를 둘러싼 4개의 점을 연결하고 있는 선분의 개수를 나타냅니다.

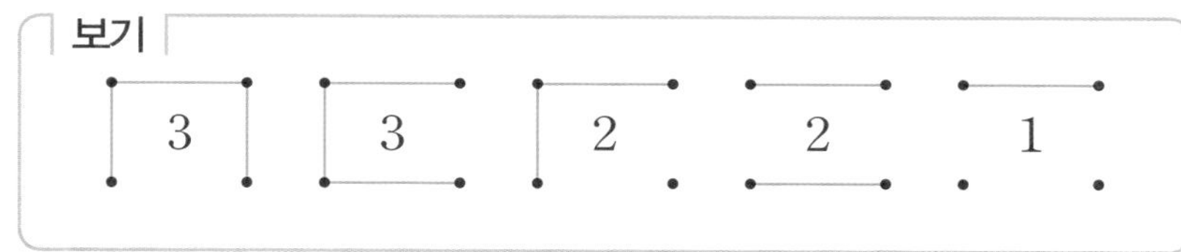

이와 같은 방법으로 점과 점을 선분으로 이어 시작점과 끝점을 연결하시오.

2	3	3	3	2
3	1	2	0	2
1	2	3	1	2
1	3	1	1	2
0	2	2	2	1

4 무게가 1g, 1g, 2g, 4g인 추를 모두 한 번씩 사용하여 다음 그림과 같이 저울의 평형을 유지하려고 할 때, ㉠에 알맞은 무게를 구하시오.

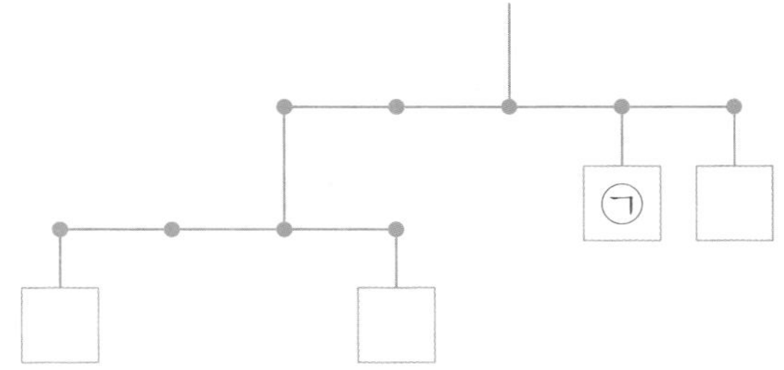

답 ________ g

팩토 Lv.6 – 기본 A

총괄평가

총괄평가 해답 Lv.6 – 기본 A

1 2개의 숫자 4로 만들 수 있는 수는 44, 8, 0, 16, 1이고, 이 수들에 4를 하나 더 사용하여 만들 수 있는 수는 48, 40, 176, 11, 12, 4, 32, 2, 0, 20, 64, 5입니다. 이 수들에서 4를 두 개 더 사용하여 알맞은 식을 만들 수 있습니다.

예 $4+4\div4+4\div4=6$
$(4+4+4)\div4+4=7$
$(4\times4+4\times4)\div4=8$
$(4\times4+4)\div4+4=9$
$(4+4)\div4+4+4=10$

답 풀이 참조

2 먼저 알 수 있는 칸부터 번호순으로 찾아가면 다음과 같습니다.

답 풀이 참조

3

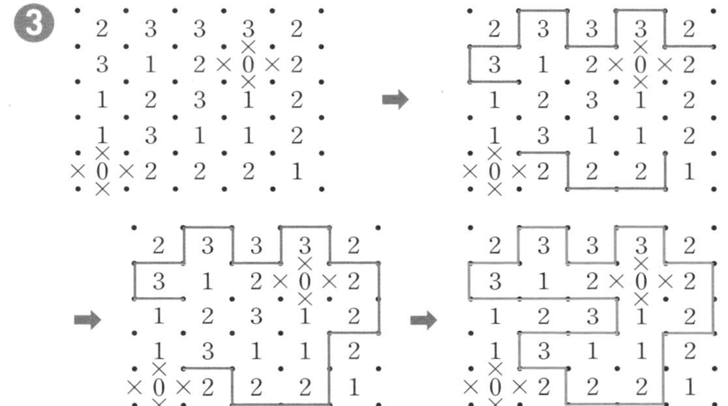

답 풀이 참조

4 아래쪽에 있는 모빌에서 ㉢×2=㉣×1이므로 ㉢=1g, ㉣=2g 또는 ㉢=2g, ㉣=4g입니다.
양쪽의 무게가 같아지려면 ㉠=4g, ㉡=1g, ㉢=1g, ㉣=2g입니다.

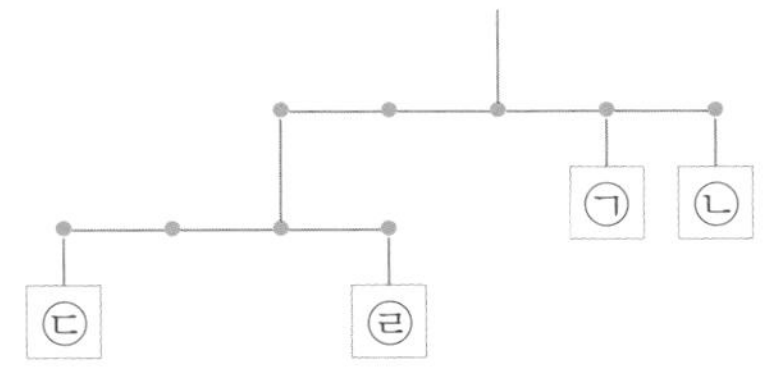

답 4

5

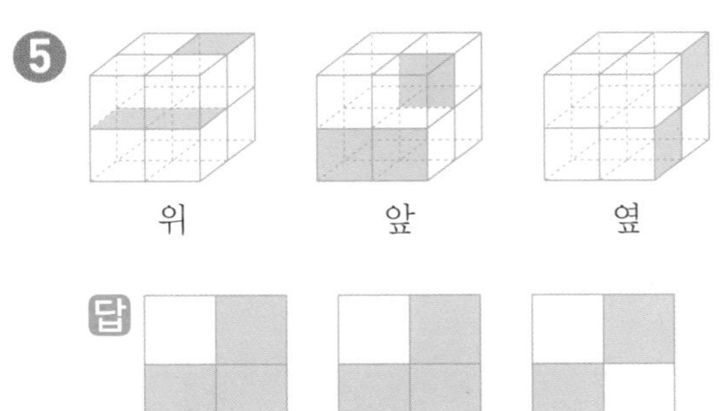

답

6 밑면이 정사각형, 옆면이 이등변삼각형인 입체도형은 정사각뿔이고, 이 도형은 한 변의 길이가 5cm인 정사각형 1개와 밑변 5cm, 높이 8cm인 이등변삼각형 4개로 이루어져 있습니다.

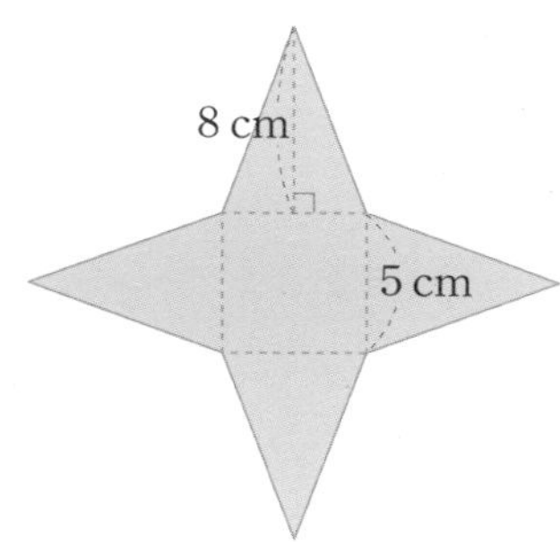

➡ $5\times5+(5\times8\div2)\times4=105(\text{cm}^2)$

답 정사각뿔(사각뿔), 105

7 셋째 번 칸까지 오르는 방법은 첫째 번 칸에서 2칸 오르거나 둘째 번 칸에서 1칸 오르면 됩니다. 넷째 번 칸까지 오르는 방법은 둘째 번 칸에서 2칸 오르거나 셋째 번 칸에서 1칸 오르면 됩니다. 즉, □째 번 칸까지 오르는 방법은 (□−2)째 번 칸에서 2칸 오르거나 (□−1)째 번 칸에서 1칸 오르면 됩니다. 이와 같은 방법으로 일곱째 번 칸까지 오르는 방법은 다섯째 번 칸에서 2칸 오르거나 여섯째 번 칸에서 1칸 오르면 되므로 이를 차례로 나열해 보면 1, 2, 3, 5, 8, 13, 21입니다.
따라서 7칸짜리 계단의 꼭대기까지 올라가는 방법은 모두 21가지입니다.

답 21

8 1행부터 합이 1, 2, 4, 8, ……로 2배씩 늘어납니다. 따라서 5행의 합은 16, 6행의 합은 32, 7행의 합은 64입니다.
㉠은 64에서 나열된 수를 모두 뺀 값이므로
64−15−15−6−6−1−1=20입니다.

답 64, 20

9

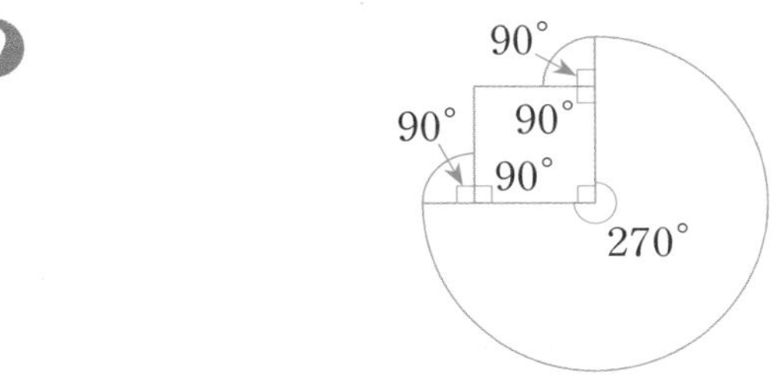

➡ $6\times6\times3.14\times\frac{3}{4}+2\times2\times3.14\times\frac{1}{2}=91.06(\text{m}^2)$

답 91.06

10 분침은 1분에 6°씩 움직이므로, 240°를 움직이려면 240÷6=40(분)이 걸립니다. 시침은 1분에 0.5°씩 움직이므로, 40분 동안에 40×0.5°=20°움직입니다. 이때 시각은 3시 40분+40분=4시 20분입니다.

답 4시 20분, 20°

팩토 Lv.6 – 기본 A

총괄평가

정답 및 풀이

매스티안

영재학급, 영재교육원, 경시대회 준비를 위한

창의사고력 초등 수학 팩토

영재학급, 영재교육원, 경시대회 준비를 위한

창의사고력 초등 수학 팩토

바른 답
바른 풀이

I 수와 연산

01 포포즈와 목표수 p.8~p.9

예제 [답] ① +, −, ×, ÷
② +, +, ÷, ×, +, ÷, −, ÷, ÷, +, ×

유제 2개의 숫자 9로 만들 수 있는 수는 99, 18, 0, 81, 1이고, 이 수에 9를 하나 더 사용하여 만들 수 있는 수는 27, 9, 162, 2, 0, 90, 72, 729, 10, 8, 891, 11, 108입니다. 이 13개의 수에 9를 하나 더 사용하여 알맞은 식을 만들 수 있습니다.

[답] $(9+9+9)\div9=3$
$(9\times9-9)\div9=8$
$9\times(9-9)+9=9$
$(9\times9+9)\div9=10$
$99\div9+9=20$

예제 [답] ① 8, 9, 89 ② 11, −, −, +, −, +

유제 1에서 9까지의 합은 45이고, 두 수를 붙여 두 자리 수를 만들면 그 합은 45보다 9의 배수만큼이 커집니다. 또한 덧셈을 뺄셈으로 바꾸면 전체 합은 그 수의 2배만큼이 작아집니다.
계산 결과가 55가 되려면 1에서 9까지의 합보다 10이 커져야 하므로 우선 두 수를 붙여 두 자리 수를 만듭니다.
1과 2를 붙여 12를 만들면 $12-(1+2)=9$가 커지고 남은 1을 크게 만들 수 없습니다.
2와 3을 붙여 23을 만들면 $23-(2+3)=18$이 커지고 다시 8을 작게 하려면 4 앞에 '−'를 붙여 주면 됩니다.
➡ $1+23-4+5+6+7+8+9=55$

[답] 예 $1+23-4+5+6+7+8+9=55$

유형 01-1 목표수 만들기 p.10~p.11

1 $111-89=22$이므로 남은 숫자들로 22를 만듭니다.

[답] 예 $12+5+5+5-5+89=111$

2 $125-111=14$이므로 남은 숫자들로 14를 만듭니다.

[답] 예 $125-5-5-5-8+9=111$

3 $113-111=2$이므로 남은 숫자들로 2를 만듭니다.

[답] 예 $12-5+55+58-9=111$

확인문제

1 9와 8을 붙여 98을 만들고, 1에서 7까지의 숫자로 2를 만들어 더합니다. 이 때, 1에서 7까지의 합이 28이므로 26이 더 작은 수를 만들려면 합이 13이 되는 수들 앞에 '−' 기호를 씁니다. 이와 같은 방법으로 수를 붙여 큰 수를 만들고, 남은 수로 그 차를 만들어 계산합니다.

[답] 예 $98-7+6+5-4+3-2+1=100$
$9-8+76-5+4+3+21=100$
$9-8+7+65-4+32-1=100$

2 두 수를 붙이거나 곱하여 104에 가까운 큰 수를 만듭니다.

[답] 예 $23-5+77+9=104$
$23-5+7+79=104$
$2\times3+5\times7+7\times9=104$

유형 01-2 분수 만들기 p.12~p.13

1 7로 나누었을 때 나누어 떨어져야 하므로 7의 배수가 되어야 합니다.

[답] 7

2 분자의 순서는 바뀌어도 됩니다.

[답] 예 • $\frac{1}{7}+\frac{2}{7}+\frac{4}{7}=1$
• $\frac{3}{7}+\frac{5}{7}+\frac{6}{7}=2$

3 자연수 부분의 숫자의 순서는 바뀌어도 됩니다.

[답] 예 • $3\frac{1}{7}+5\frac{2}{7}+6\frac{4}{7}=15$
• $1\frac{3}{7}+2\frac{5}{7}+4\frac{6}{7}=9$

1 분자의 합이 5의 배수이어야 하므로 분수 부분의 분자가 될 수 있는 수는 1과 4, 2와 3입니다.
분자가 1과 4인 경우 자연수에 2와 3을 넣을 수 있으므로 계산 결과는 $2\frac{1}{5}+3\frac{4}{5}=6$이 되고, 분자가 2와 3인 경우 자연수가 1과 4가 되므로
$1\frac{2}{5}+4\frac{3}{5}=6$이 됩니다.
따라서 계산 결과가 될 수 있는 값은 6입니다.

[답] 6

2 1에서 6까지의 숫자로 만들 수 있는 가장 큰 진분수는 $\frac{5}{6}$이므로 1, 2, 3, 4를 사용한 두 분수의 합이 $\frac{5}{6}$가 되도록 합니다.
분모에는 1이 들어갈 수 없고, 2를 넣을 경우는 $\frac{1}{2}+\frac{3}{4}$이 되므로 맞지 않습니다.
따라서 분모에 3과 4를 넣어 보면 $\frac{1}{3}+\frac{2}{4}=\frac{5}{6}$가 됩니다.

[답] $\frac{1}{3}+\frac{2}{4}=\frac{5}{6}$ 또는 $\frac{2}{4}+\frac{1}{3}=\frac{5}{6}$

창의사고력 다지기 p.14~p.15

1 6장의 숫자 카드를 모두 한 번씩 사용하여야 하므로 분자, 분모는 각각 세 자리 수이어야 합니다.
백의 자리 숫자부터 4배가 되는 수를 찾으면 $\frac{4\square\square}{1\square\square}$와 같은 형태가 되어야 합니다.
남은 숫자 카드 0, 2, 3, 5로 빈 칸을 채워 4에 가장 가까운 분수를 만들면 $\frac{4\boxed{2}\boxed{3}}{1\boxed{0}\boxed{5}}$입니다.

[답] $\frac{423}{105}$

2 숫자 1을 붙여서 234에 가까운 수가 되게 하려면 1을 3개 붙인 111을 2개 만드는 것입니다.
남은 3개의 1로 11+1=12를 만들어 더하면 234가 됩니다.

[답] 예 111+111+11+1=234

3 7을 붙여서 245보다 크지 않으면서 가장 가까운 수를 만들면 77이 됩니다.
77×3=231이므로 77을 3개 만들고 남은 2개의 7로 7+7=14를 만들어 더하면 245가 됩니다.

[답] 예 77+77+77+7+7=245

4 주어진 수가 모두 1보다 작은 진분수이므로 두 수의 곱은 원래의 수보다 작아지고 두 수의 나눗셈은 원래의 수보다 커집니다.
따라서 '−' 뒤에 '×'가 있어야 하고 '÷'는 '−' 앞에 있어야 합니다.
덧셈은 큰 수를 더할수록 결과가 커지므로
$\frac{1}{2}\div\frac{2}{3}-\frac{3}{4}\times\frac{4}{5}+\frac{5}{6}=\frac{59}{60}$일 때 계산 결과가 가장 큽니다.

[답] ÷, −, ×, +, $\frac{59}{60}$

02 벌레 먹은 셈 p.16~p.17

예제 [답] ① 0, 0, 5 ② 5, 5 ③ 1 ④ 9

$$\begin{array}{r} \boxed{1}\ 1\ \boxed{5} \\ \times\quad \boxed{9}\ 8 \\ \hline \boxed{9}\boxed{2}\boxed{0} \\ \boxed{1}\boxed{0}\boxed{3}\ 5 \\ \hline \boxed{1}\boxed{1}\boxed{2}\boxed{7}\ 0 \end{array}$$

예제 [답] ① 1 ② 4, 9 ③ 9, 4, 8
④ 3, 6, 3 ⑤ 1, 6, 7
⑥ 4, 6, 5, 9, 54

유형 02-1 벌레먹은셈 p.18~p.19

1 ㄴ−9의 일의 자리 숫자는 8이므로 ㄴ=7입니다

[답] 7

2 ㄱㄴ×ㄴ의 값은 항상 세 자리 수이므로 ㄱㄴ×ㄱ이 세 자리 수가 되지 않는 경우를 생각합니다. 17×1=17, 27×2=54, 37×3=111이므로 1과 2는 ㄱ에 들어갈 수 없습니다.

[답] 1, 2

3 [답]

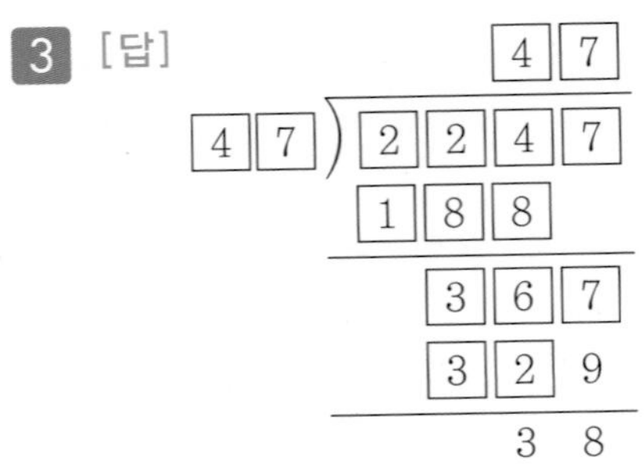

확인문제

1

3 ㄱ × ㄴ 7 = 252, 25ㄷ

3ㄱ×7=252이므로 ㄱ=6입니다.
36×ㄴ=25ㄷ이므로 ㄴ=7, ㄷ=2입니다.

[답] 36 × 77 = 252, 252, 2772

2 먼저 알 수 있는 칸부터 번호순으로 찾아가면 다음과 같습니다.

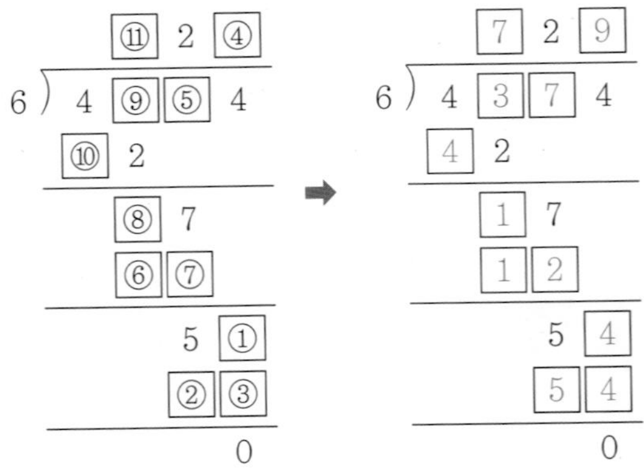

[답] 풀이 참조

유형 02-2 식 완성하기 p.20~p.21

1 두 자리 수와 4와의 곱이 두 자리 수이므로 곱해지는 수의 십의 자리 숫자는 1 또는 2가 될 수 있습니다.

[답] 1, 2

2 ㉠에 2를 넣으면 같은 숫자가 중복되거나 곱이 세 자리 수가 되므로 ㉠은 1이어야 합니다.

[답] 1

3 ㉠이 1이므로 일의 자리에 1, 4를 제외한 숫자를 차례로 넣었을 때, 식을 만족하는 경우는 17×4=68, 18×4=72, 19×4=76입니다.
곱셈식이 17×4=68인 경우 더하는 두 자리 수를 25로 하면 두 수의 합이 93이 되어 식을 만족합니다.
곱셈식이 18×4=72, 19×4=76인 경우 남아 있는 숫자로 만들 수 있는 가장 작은 수를 더하여도 세 자리 수가 되므로 조건에 맞지 않습니다.

[답] 곱해지는 일의 자리 숫자 : 7, 8, 9

17 × 4 = 68, 68 + 25 = 93

확인문제

1

9 × 가 = 나다, 나다 + 7라 = 마바사

마에 들어갈 수 있는 수는 1뿐입니다.
가에는 1을 제외한 2, 3, 4, 5, 7, 8, 9를 넣을 경우 중복된 숫자가 있으므로 가에 들어갈 수 있는 숫자는 6뿐입니다.
이 때, 나=5, 다=4입니다.

나머지 숫자를 중복되지 않게 써 넣으면 라=8, 마=1, 바=3, 사=2입니다.

[답] 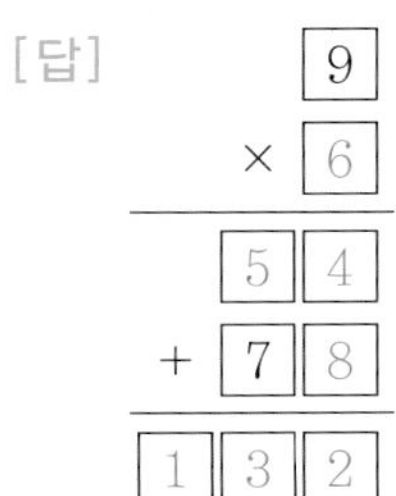

2 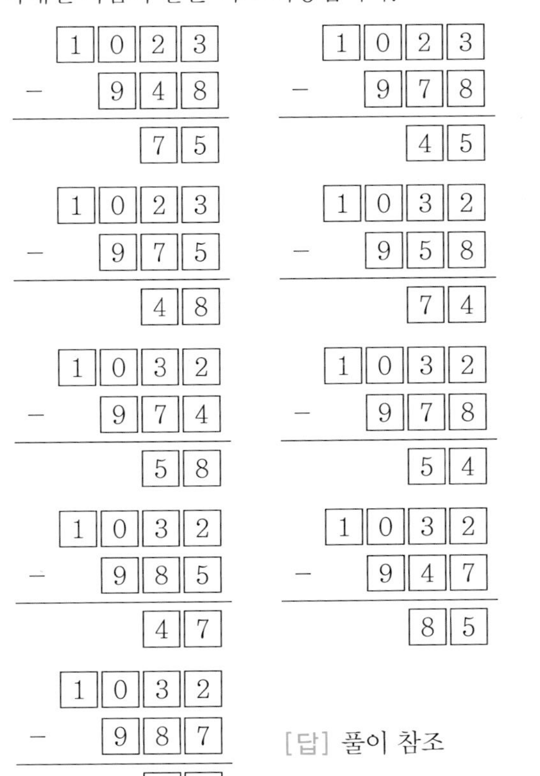

A B 는 E 보다 1 큰 수이므로 A=1, B=0, E=9입니다.

한편, 두 수의 차가 두 자리 수이므로 C가 F보다 작도록 일의 자리 숫자부터 남아 있는 수 2, 3, 4, 5, 7, 8을 써넣으면 다음과 같습니다.

1023 − 945 = 78, 1032 − 954 = 78, 1032 − 945 = 87

각각의 경우마다 F와 H, G와 I를 바꾸어 나타내면 다음과 같은 식도 가능합니다.

1023 − 948 = 75, 1023 − 978 = 45, 1023 − 975 = 48, 1032 − 958 = 74, 1032 − 974 = 58, 1032 − 978 = 54, 1032 − 985 = 47, 1032 − 947 = 85, 1032 − 987 = 45

[답] 풀이 참조

창의사고력 다지기 p.22~p.23

1 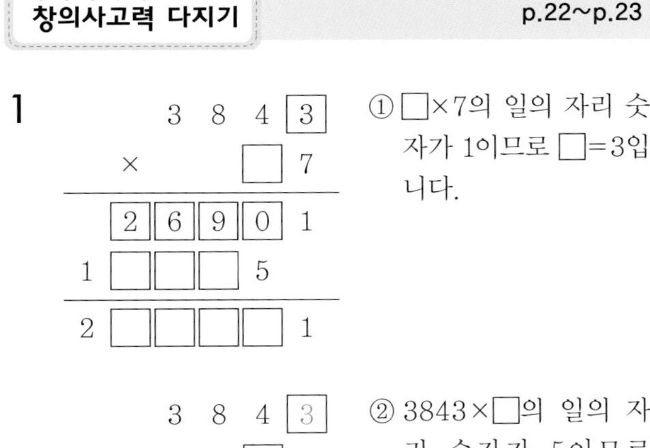

① □×7의 일의 자리 숫자가 1이므로 □=3입니다.

② 3843×□의 일의 자리 숫자가 5이므로 □=5입니다.

[답] 풀이 참조

2

67×A=GH1이므로 A에 들어갈 수 있는 숫자는 3입니다. A=3이므로 G=2, H=0입니다.

그리고 67×B=K6L인데 가운데 십의 자리 숫자가 6이 나올 수 있는 경우는 4와 7의 두 경우가 있습니다. 따라서 B는 4 또는 7입니다.

① B=4인 경우 : C=2, D=2, E=7, F=8

② B=7인 경우 : C=2, D=4, E=7, F=9

[답] 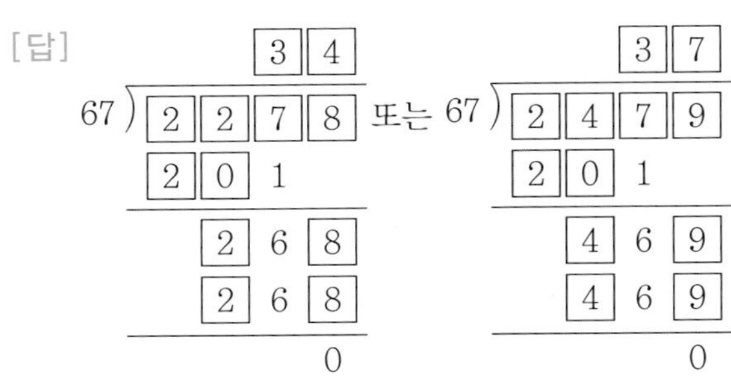

3 사=9입니다. (아, 자)는 (8, 2), (7, 3), (6, 4) 중 하나이므로 나, 라, 바의 세 숫자의 합은 20을 넘지 못하고, 나, 라, 바의 세 숫자의 합에서 십의 자리로 받아올림이 있어도 가, 다, 마의 합이 8 이상은 되어야 합니다. 가, 다, 마의 합이 9가 되는 경우에는 나, 라, 바의 합이 모두 10을 넘으므로 가, 다, 마가 될 수 있는 숫자는 1, 2, 5 또는 1, 3, 4입니다.
두 경우를 모두 따져 보면 가, 다, 마는 1, 3, 4, 나, 라, 바는 5, 6, 7이고, 아=8, 자=2입니다.

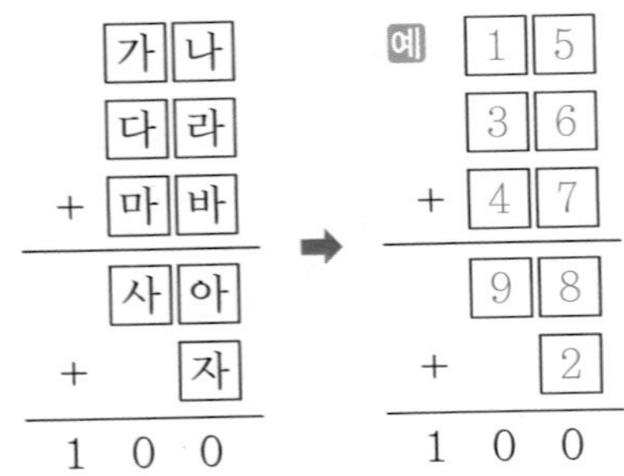

[답] 풀이 참조(이외에도 여러 가지 있습니다.)

4 ABCD×4의 계산 결과가 네 자리 수이므로 A는 1 또는 2입니다.

$$\begin{array}{r} 2\,1\,7\,8 \\ \times \quad\;\; 4 \\ \hline 8\,7\,1\,2 \end{array} \Rightarrow A=2,\ B=1,\ C=7,\ D=8$$

[답] 2178

03 마방진 p.24~p.25

예제 [답] ① 15 ② 15, 60 ③ 3 ④ 3, 60, 5
⑤ 15,

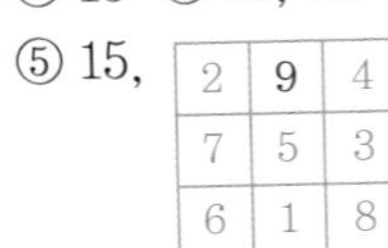

2	9	4
7	5	3
6	1	8

예제 [답] ① 18 ② 18, 6, 7, 7, 5, 6

③

④ 4, 6, 4, 6

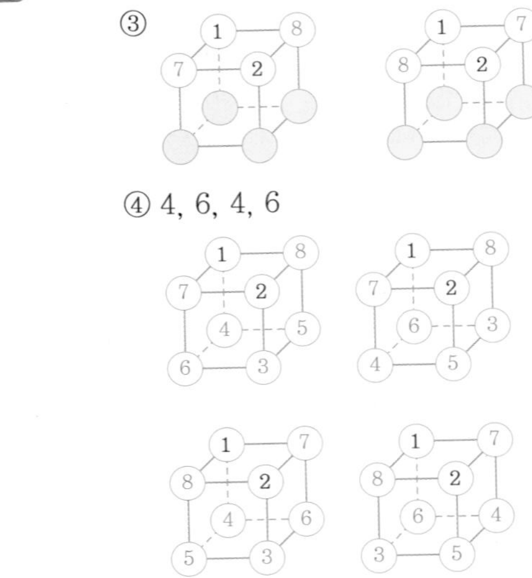

유형 03-1 여러 가지 마방진 p.26~p.27

1 1에서 8까지의 수를 모두 더하면 36이므로 두 개의 직선 위에 있는 수들의 합도 36입니다. 각 직선 위의 네 수의 합은 같으므로 한 직선 위의 네 수의 합은 36÷2=18입니다.

[답] 18

2 한 직선 위의 네 수의 합이 18이므로 안쪽 두 수의 합과 바깥쪽 두 수의 합은 각각 18÷2=9입니다.

[답] 9

3 1에서 8까지의 수는 연속수이고, 가장 큰 수와 가장 작은 수의 합이 9이므로 (1, 8), (2, 7), (3, 6), (4, 5) 입니다.

[답] 합이 9인 4쌍 : (1, 8), (2, 7), (3, 6), (4, 5)

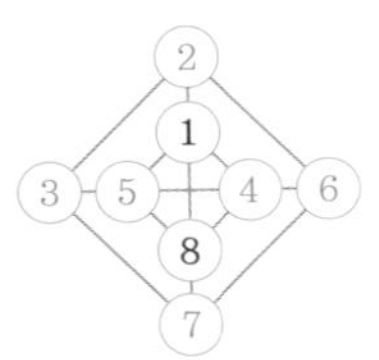

확인문제

1 각 직선 위에 세 수의 합이 가장 클 때의 값은 1에서 11까지의 수 중에서 가장 큰 수인 11을 가운데 넣고, 나머지 수들 중에서 두 수의 합이 11이 되는 경우를 찾아 써 넣으면 됩니다.

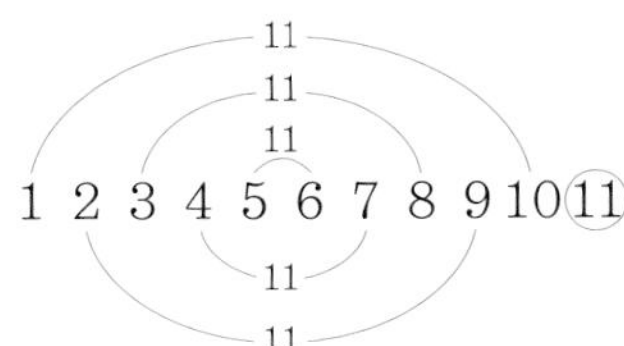

[답] 예

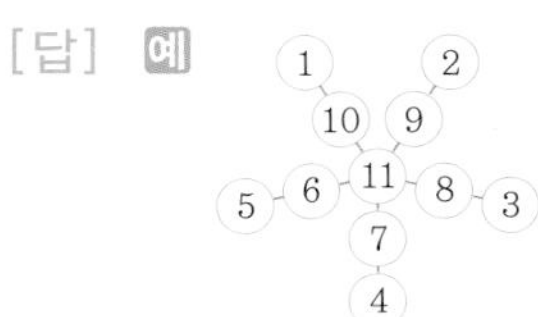

2 1에서 16까지의 합은 136이므로 한 직선 위의 네 수의 합은 136÷4=34입니다. 한 직선 위의 네 수 중 안쪽의 두 수와 바깥쪽의 두 수의 합이 같으면 팔각형 위의 여덟 개의 수의 합도 같아지므로 두 수의 합이 17인 경우를 찾으면 (1, 16), (2, 15), (3, 14), (4, 13), (5, 12), (6, 11), (7, 10), (8, 9)입니다. 한 직선 위의 안쪽 두 수와 바깥쪽 두 수가 각각 이러한 쌍을 이루도록 수를 써 넣어 완성합니다.

[답] 예

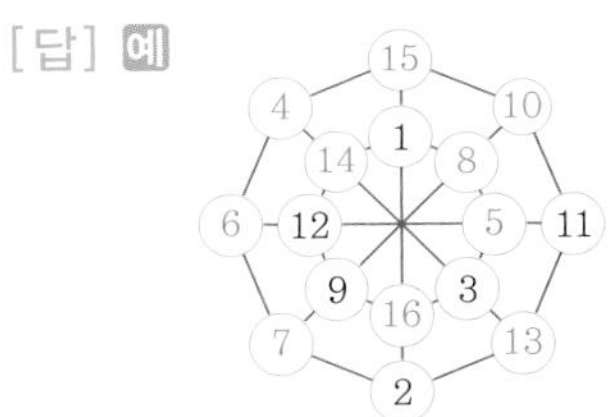

유형 O3-2 곱셈 마방진 p.28~p.29

1 주어진 수는 36의 약수이므로 곱이 36이 되는 두 수씩 짝지어 보고, 남는 한 수를 가운데 넣으면 됩니다.

[답]

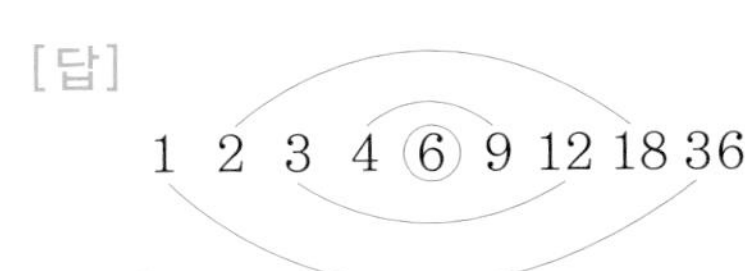

2 [답] 6, 216, 2, 3, 12, 18

12	1	18
9	6	4
2	36	3

확인문제

1 세 꼭짓점에 있는 수들은 2번씩 곱해지므로 작은 수 1, 2, 3을 써 넣고, 선분 위의 세 수의 곱이 모두 같도록 남은 수들을 채워 봅니다.

[답]

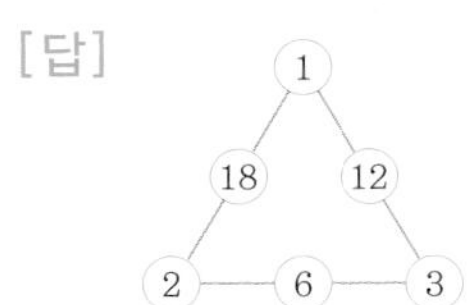

2 1에서 9까지의 자연수 중 두 수의 곱이 6이 되는 것은 (1, 6) 또는 (2, 3)입니다. ㉣은 6과 15의 약수이므로 1 또는 3이 될 수 있는데 ㉣이 1인 경우 ㉢이 15가 되어야 하므로 불가능합니다. 따라서 ㉣=3, ㉤=2, ㉢=5가 됩니다. ㉠과 ㉤의 곱이 14이므로 ㉠에 알맞은 값은 7이고, ㉡과 ㉢의 곱은 45이므로 ㉡은 9가 됩니다.
따라서 ㉠=7, ㉡=9, ㉢=5, ㉣=3, ㉤=2입니다.

[답] ㉠=7, ㉡=9, ㉢=5, ㉣=3, ㉤=2

창의사고력 다지기

1 2에서 10까지의 수의 합은 54이므로 한 방향으로 놓인 세 수의 합은 54÷3=18입니다. 왼쪽 그림에서 가운데 칸에 들어갈 수를 포함한 세 수의 쌍은 4묶음이 있으므로 4묶음의 합은 18×4=72입니다. 이것은 2에서 10까지의 수가 한 번씩 들어가고 가운데 수는 3번 더 들어간 것입니다. 따라서 가운데 수를 ★이라 하면, 54+★×3=72이므로 가운데 수는 6이 됩니다.
2와 10을 가운데 세로줄에 넣고 한 줄에 있는 세 수의 합이 18이 되도록 나머지 칸을 모두 채웁니다.

[답]

7	2	9
8	6	4
3	10	5

2 색칠한 칸은 모든 줄에 포함되므로 각 줄에서 색칠한 칸에 들어갈 수를 제외한 두 수의 곱은 모두 같은 수가 되어야 합니다. 두 수의 곱이 같은 것이 3쌍이 되도록 묶으면 1×12, 2×6, 3×4이므로 색칠한 칸에는 5가 들어가야 합니다.

[답] 예

3 각 줄의 합이 같으므로 한 줄에 3개의 수가 써 있는 줄 안에 들어갈 수부터 구해 봅니다.

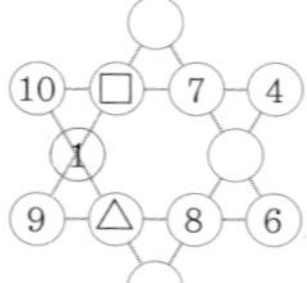

$10+\square+7+4=9+\triangle+8+6$이므로 $21+\square=23+\triangle$입니다. ○ 안에 들어갈 수 있는 수는 2, 3, 5, 11, 12이고, 그 중 두 수의 차가 2인 경우는 3과 5입니다.
따라서 $\square=5$, $\triangle=3$이 들어가고, 같은 줄에 있는 네 수의 합은 26이 됩니다. 각 줄의 합이 26이 되도록 남은 수 2, 11, 12를 알맞은 위치에 넣습니다.

[답]

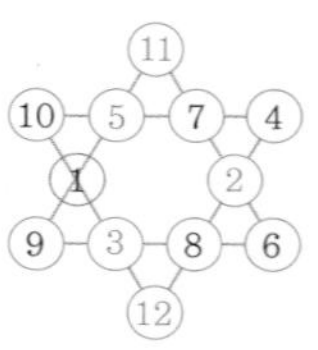

4 사면체의 면은 모두 4개이고 모든 ○는 두 개의 면에 공통으로 사용되었으므로 네 면의 수의 합은 (1에서 12까지의 수의 합)$\times2=156$입니다.
따라서 한 면에 있는 여섯 개의 수의 합은 $156\div4=39$입니다.
한 모서리의 두 수의 합이 모두 같으면 각 면의 여섯 개의 수의 합도 같아지므로, 한 모서리에 들어가는 두 수의 합은 $39\div3=13$입니다. 두 수의 합이 13인 경우는 (1, 12), (2, 11), (3, 10), (4, 9), (5, 8), (6, 7)이므로 각 모서리에 한 쌍의 수가 들어가도록 만듭니다.

[답]

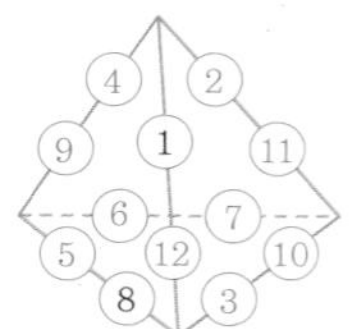

Ⅱ 언어와 논리

04 논리 퍼즐 p.34~p.35

예제 [답] ①

	2	1 1	1 1	1 1	2
1 1					
1 1 1		×		×	
1 1					
1 1					
1					

②

	2	1 1	1 1	1 1	2
1					
1 1 1		×		×	
1 1					
1 1	×				×
1	×				×

③

	2	1 1	1 1	1 1	2
1	×		×		×
1 1 1		×		×	
1 1		×	×	×	
1 1	×		×		×
1 1	×	×		×	×

예제 [답] ① 1, 4,

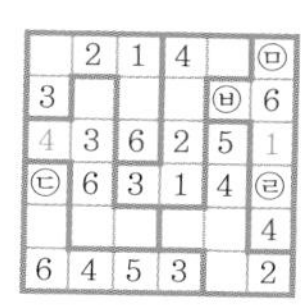

② 5, 2,

	2	1	4		㉤
3				㉥	6
4	3	6	2	5	1
2	6	3	1	4	5
					4
6	4	5	3		2

③ 2, 3, 3, 2,

5	2	1	4	6	3
3	1	4	5	2	6
4	3	6	2	5	1
2	6	3	1	4	5
1	5	2	6	3	4
6	4	5	3	1	2

유형 04-1 화살표 퍼즐 p.36~p.37

1 맨 아랫줄의 →의 오른쪽 방향에는 반드시 한 개 이상의 ★이 있으므로 →의 뒤쪽에는 ×표 합니다. 따라서 나머지 색칠한 2칸에는 ★이 있어야 합니다.

[답]

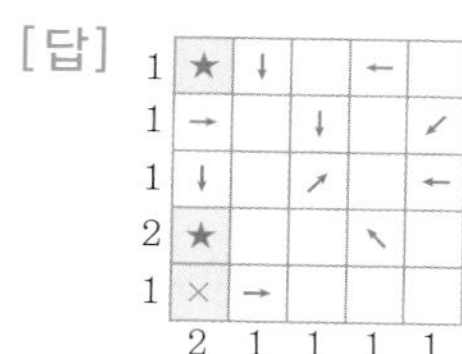

2 가로줄에 ★이 한 개 있으므로 2칸 모두 ×표 합니다. 또, ↗의 앞쪽 방향에 별이 있어야 하므로 ★표 합니다.

[답]

1	★	↓	×	←	×
1	→		↓	★	↙
1	↓		↗		←
2	★			↖	
1	×	→			
	2	1	1	1	1

3 [답]

1	★	↓	×	←	×
1	→	×	↓	★	↙
1	↓	★	↗	×	←
2	★	×	★	↖	×
1	×	→	×	×	★
	2	1	1	1	1

확인문제

1

1		×		←
1	→	×	↓	
2		↓		←
1	×	★	×	×
	2	1	1	1

➡

1	★	×	×	←
1	→	×	↓	★
2	★	↓	★	←
1	×	★	×	×
	2	1	1	1

[답] 풀이 참조

2

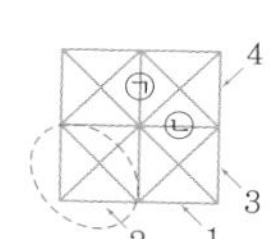

에 놓이는 조각은 이거나 입니다.

또, ↖3에 의하여 조각은 ㉠ 또는 ㉡에 위치합니다. 이와 같이 나머지 부분도 주어진 숫자와 화살표를 이용하여 구해봅니다.

[답] 또는

유형 04-2 선잇기 퍼즐 p.38~p.39

1 6이 있는 줄은 선이 모든 칸을 지나므로 모두 ○표 합니다.

[답]

	1	1	6	5	3	3
6	시작	○	○	○	○	○
4	×	×	○	○	○	○
2	×	×	○	○	×	×
2	×	×	○	○	×	×
1	×	×	○	×	×	×
4	×	×	○	○	○	끝

2 [답]

확인문제

1

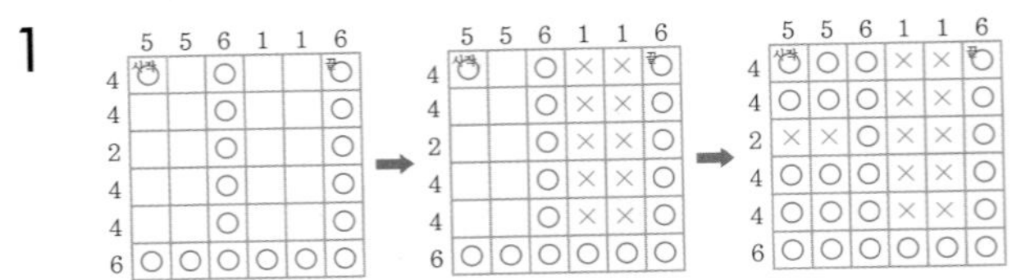

[답]

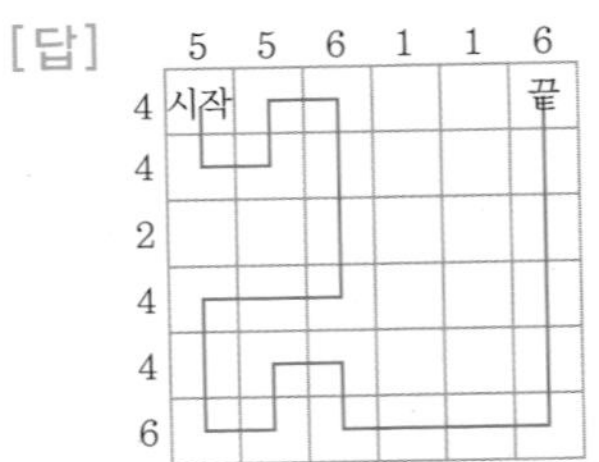

2

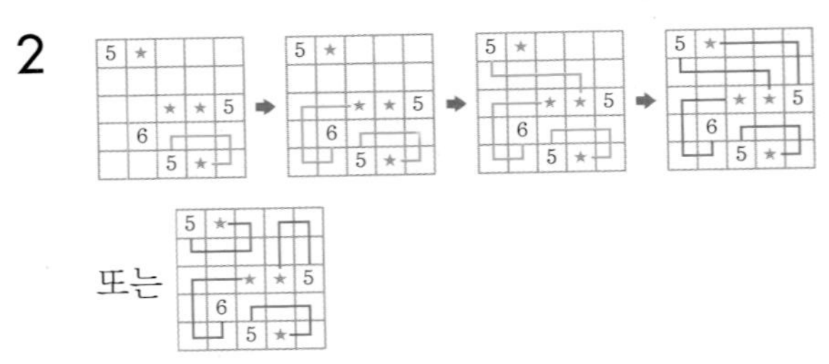

[답] 풀이 참조

창의사고력 다지기 p.40~p.41

1

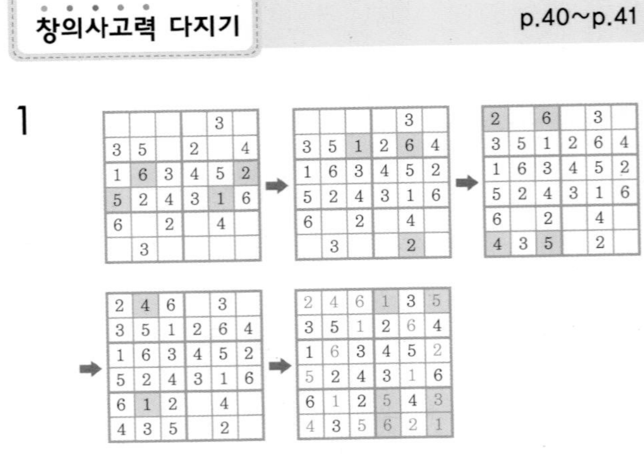

[답] 풀이 참조

2

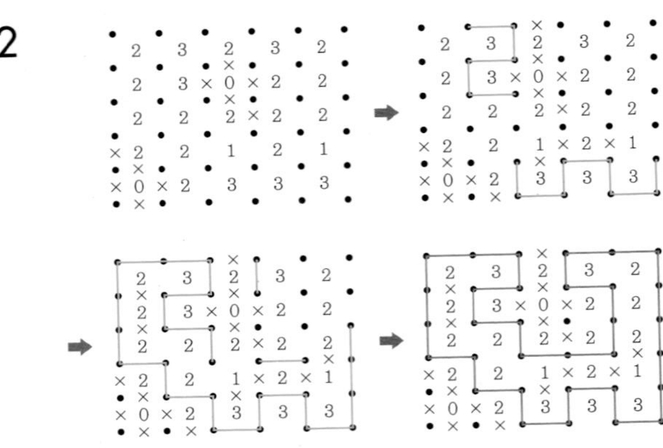

[답] 풀이 참조

3

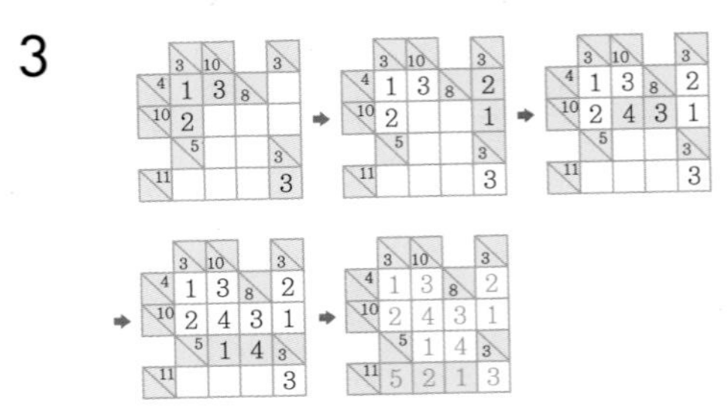

[답] 풀이 참조

4 6=1+2+3, 7=1+2+4이므로 각각의 세로줄에는 1에서 4까지의 수가 한 번씩 들어가는 규칙을 먼저 이용합니다. 그런 다음 |**규칙**| 따라 빈 칸에 알맞은 수를 써 넣습니다.

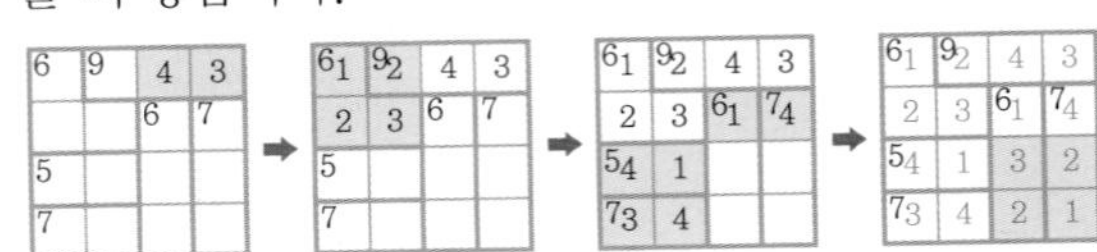

[답] 풀이 참조

05 모빌 p.42~p.43

예제 [답] ① 2 ② 가벼, 무겁습니다, ㉡ ③ ㉢, ㉢
④ ㉡, ㉢, ㉠

예제 [답] ① 2 ② 6 ③ 4

유제 모빌에서 ㉮와 ㉯는 중심점까지의 거리가 같으므로 ㉯의 무게도 2g입니다. 따라서 중심점과 거리의 곱이 같아야 하므로 ㉰×2=1×4에서 ㉰의 무게는 2g입니다.

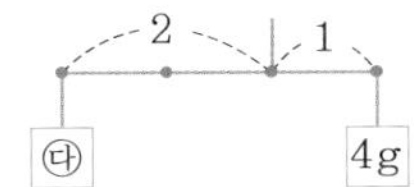

[답] 2g

유형 O5-1 무게의 순서 p.44~p.45

1 연필 2자루를 기준으로 하면 볼펜보다 지우개가 무겁고, 연필 2자루와 지우개의 무게가 같기 때문에 연필보다 지우개가 무겁습니다. 따라서 지우개가 가장 무겁습니다.

[답] 지우개

2 [답] 볼펜

3 [답] 지우개, 볼펜, 연필

4 첫째 번 저울에서 지우개가 딱풀보다 무겁다는 것을 알 수 있습니다.
둘째 번 저울에서 딱풀이 볼펜보다 무겁다는 것을 알 수 있습니다.
따라서 무거운 학용품부터 차례로 쓰면 지우개, 딱풀, 볼펜입니다.

[답] 둘째 번

확인문제

1 저울 ㉮와 저울 ㉰에서 ㉡>㉠>㉢ 임을 알 수 있습니다. 저울 ㉯에서 ㉠, ㉡의 합이 ㉢, ㉣의 합과 같아지려면 ㉣의 무게가 가장 무거워야 합니다.
따라서 ㉣>㉡>㉠>㉢입니다.

[답] ㉣, ㉡, ㉠, ㉢

2 양쪽 접시에서 같은 과일을 빼내면 다음과 같습니다.

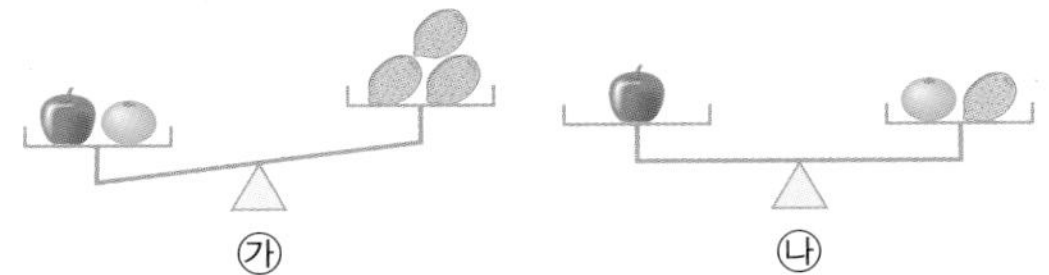

저울 ㉯에서 사과 1개는 귤 1개와 키위 1개의 무게의 합과 같으므로 사과의 무게가 가장 무겁습니다.
저울 ㉮에 사과 1개 대신 귤 1개와 키위 1개를 올리고, 양쪽 접시에 같이 있는 키위 1개를 빼내면 왼쪽 접시에 귤 2개, 오른쪽 접시에 키위 2개가 남습니다. 따라서 귤이 둘째 번으로 무거우므로
사과>귤>키위입니다.

[답] 사과, 귤, 키위

유형 O5-2 모빌 만들기 p.46~p.47

1 [답] 2

2 [답] ㉰ 1g, ㉱ 2g 또는 ㉰ 2g, ㉱ 4g

3 [답] ㉰=1g, ㉱=2g, ㉯=3g

4 6×2=㉮×3에서 ㉮=4g입니다.

[답] 4g

확인문제

1 오른쪽 아래 모빌은 중심점과의 거리가 모두 같으므로 양쪽의 무게가 같아야 합니다.

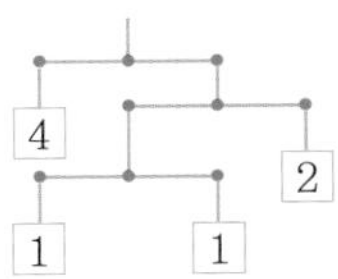

가장 위 모빌의 중심점까지의 거리와 무게의 곱을 구하면 (㉮+㉮)×2=8×1이므로 ㉮의 무게는 2g입니다.

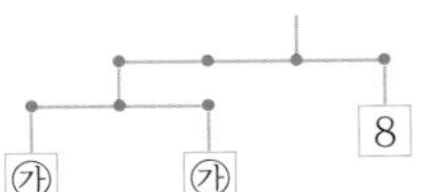

[답] 2g

2 아래쪽에 있는 모빌에서 ㉰=㉱×3이므로 ㉰=3g, ㉱=1g입니다.

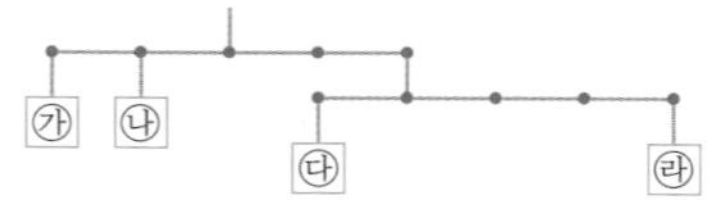

㉮×2+㉯×1=4×2에서 ㉮=2g, ㉯=4g입니다.

[답] 2g

창의사고력 다지기 p.48~p.49

1 ㉮에서 ④가 ①보다 가볍고, ㉯와 ㉰에서 ②와 ③이 ①보다 무겁다는 것을 알 수 있습니다. 따라서 ②와 ③을 비교하면 사과의 무게 순서를 모두 알 수 있습니다.

[답] ②와 ③

2 ㉮에서 재희보다 상훈이가 무겁고, ㉰에서 상훈이보다 용석이가 무겁다는 것을 알 수 있습니다. ㉯에서 재희, 상훈, 용석이 중에서 가장 가벼운 재희와 영주의 몸무게의 합이 용석과 상훈의 몸무게의 합과 같으므로 영주의 몸무게가 가장 무겁다는 것을 알 수 있습니다.

[답] 영주, 용석, 상훈, 재희

3 둘째 번 저울의 볼펜 2자루를 연필 4자루로 바꾸면 지우개 2개는 연필 5자루와 같습니다. 셋째 번 저울에서 지우개 1개를 연필 2.5자루로 바꾸면 공책 1권은 연필 3.5자루의 무게와 같습니다. 따라서 무거운 순서는 공책, 지우개, 볼펜, 연필입니다.
또, 공책 4권은 연필 14자루와 같고, 이것은 볼펜 7자루의 무게와 같습니다.

[답] 공책, 지우개, 볼펜, 연필
(공책 4권)=(볼펜 7자루)

4

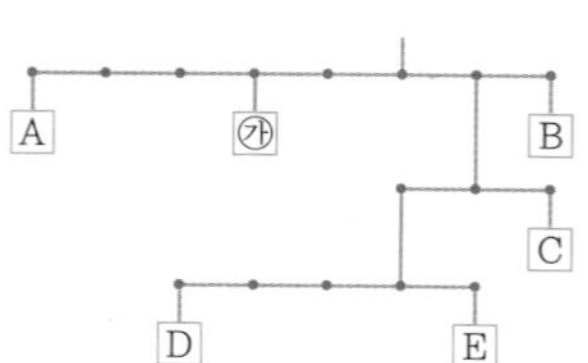

① E=D×3 ➡ D=1g, E=3g
(여기서 D=2g, E=6g이 되면 C=8g이 되어야 하므로 모순입니다.)

② C=D+E ➡ C=4g

③

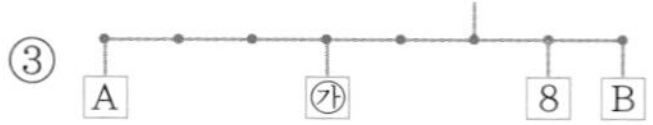

➡ A×5+㉮×2=8+B×2에서 A=2g, ㉮=5g, B=6g입니다.

[답] 5g

06 가짜 금화와 저울 p.50~p.51

예제 [답] ① 4, 5, 6 ② 4, 5, 7 ③ 4, 5
④ 진짜 ⑤ 4

유제 저울 ㉮에서 ①과 ②는 진짜 금화입니다. 저울 ㉯에서 ⑤와 ⑥ 중에 가짜 금화가 있습니다.
저울 ㉰에서 ⑤가 무거운 가짜 금화입니다.

[답] ⑤

예제 [답] ② 다, 가, 나 ③ 1

유형 06-1 양팔 저울의 최소 횟수 p.52~p.53

1

1회	2회	3회	가짜
①②③④<⑤⑥⑦⑧	①②<③④	①<②	①
		①>②	②
	①②>③④	③<④	③
		③>④	④
①②③④>⑤⑥⑦⑧	⑤⑥<⑦⑧	⑤<⑥	⑤
		⑤>⑥	⑥
	⑤⑥>⑦⑧	⑦<⑧	⑦
		⑦>⑧	⑧
①②③④=⑤⑥⑦⑧	⑨⑩<⑪⑫	⑨<⑩	⑨
		⑨>⑩	⑩
	⑨⑩>⑪⑫	⑪<⑫	⑪
		⑪>⑫	⑫

[답] 풀이 참조

2 [답] 3000원

확인문제

1 첫째 번 저울에서 ⑤, ⑥번 금화가 진짜 금화라는 것을 알 수 있으므로 저울 ㉮에서 ①, ②번 금화가 가짜 금화입니다.

[답] 무겁습니다.

2 양팔 저울을 최소한으로 사용해서 찾을 때는 세 더미로 나누어 알아봅니다. 이 때, 양팔 저울의 최소 횟수는 다음 표와 같습니다.

금화의 개수 (개)	2~3	5~9	10~27	28~81	…
양팔 저울의 사용 횟수 (번)	1	2	3	4	…

[답] 4번

유형 06-2 무게가 다른 구슬 찾기 p.54~p.55

1 [답] 28g

2 [답] 12g, 10g, 7g

3 ③, ④, ⑥ 세 가지 구슬 중에 무게가 10g, 12g인 구슬이 있으므로 ②번 구슬은 7g입니다.

[답] ①, ②, ⑤, ⑦, ⑧

4 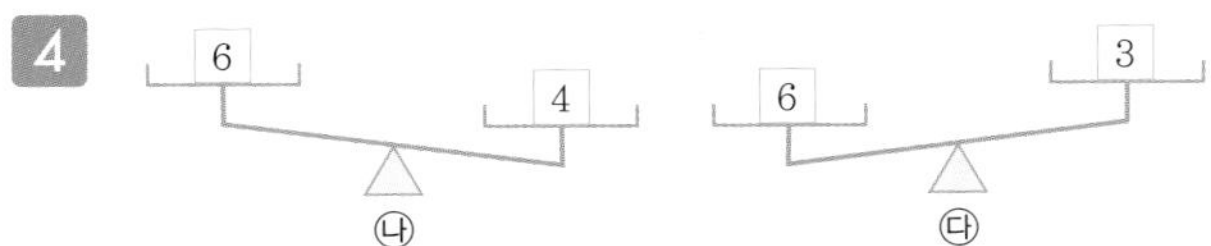

5 [답] ④, ⑥, ③

6 [답] 10g : ⑥, 12g : ④

확인문제

1 ㉯ 저울에서 18g인 구슬과 13g인 구슬은 ①, ⑦, ⑨ 중에 있습니다.
이 중 ㉮ 저울과 ㉰ 저울에서 가벼운 쪽으로 기울어진 ①과 ⑨는 18g인 구슬이 아니므로 18g인 구슬은 ⑦입니다.

[답] ⑦

2 ㉮ 저울과 ㉯ 저울을 보면 ②, ③, ④, ⑤, ⑥, ⑧, ⑨, ⑩은 가벼운 금화입니다. 따라서 무거운 금화는 ①과 ⑦입니다.

[답] ①, ⑦

창의사고력 다지기 p.56~p.57

1 27개의 알약 중 무거운 약이 한 개 있을 때, 27개를 세 더미로 나누면 각 더미마다 알약이 9개씩 있으므로 양팔 저울을 한 번 사용하면 무거운 약이 있는 더미를 알 수 있습니다. 각 더미에 9개의 알약이 있으므로 다시 세 더미로 나누는 방법으로 양팔 저울을 2번 더 사용하면 무거운 약을 알아낼 수 있습니다.

[답] 3번

2 첫째 번 그림에서 4, 5번 중 하나가 불량 반지입니다. 1번은 첫째 번에서 정상인 것을 알았으므로 둘째 번에서 4번이 불량 반지임을 알 수 있습니다.

[답] 4번

3 둘째 번 저울을 보면 1번이 무겁고 5번이 가볍습니다. 문제의 조건에서 짝이 되는 구슬을 생각해 보면 2번이 가볍고 6번이 무겁습니다. 첫째 번 저울에서 1번이 무거운 구슬, 2번이 가벼운 구슬인데 평형을 이루므로 3번이 가벼운 구슬, 4번이 무거운 구슬입니다.

[답] 1, 4, 6

4 각 주머니에서 금화를 1개, 2개, 3개, 4개씩 꺼내서 무게를 달았을 때, 만약 모두 진짜라면 50g이지만 가짜 주머니가 있기 때문에 50g이 나오지는 않습니다. 가짜가 진짜보다 1g이 무겁기 때문에 50g보다 무거운 만큼이 가짜 금화의 개수가 됩니다.
예 저울의 눈금이 52g을 가리키면 금화를 2개 꺼낸 주머니가 가짜 금화 주머니입니다.

[답] 풀이 참조

Ⅲ 도형

07 투명 정육면체 p.60~p.61

예제 [답] ① ㅁ ② ㄱ ③ ㄹ ④ ㅂ ⑤ ㄴ ⑥ ㄷ

유제 위와 앞에서 본 모양이 정사각형인 입체도형은 정육면체이고, 위에서 본 모양이 원, 앞에서 본 모양이 직사각형인 입체도형은 원기둥입니다.

[답]

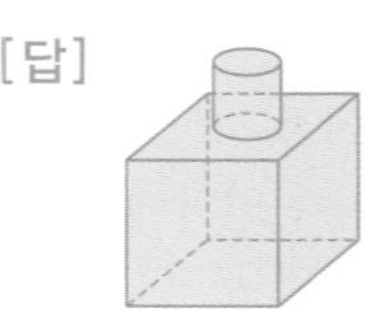

예제 [답] ① 32 ② 32 ③ 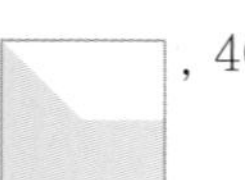, 40

유제 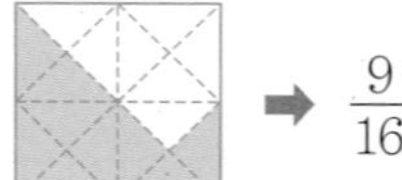

[답] $\frac{9}{16}$

유형 07-1 겨냥도 찾기 p.62~p.63

1 ③, ④의 입체도형을 앞에서 본 모양이 ㉮입니다.

[답] ③, ④

2 [답] ②, ④

3 [답] ④

4 [답] 오른쪽 옆

확인문제

1 [답]

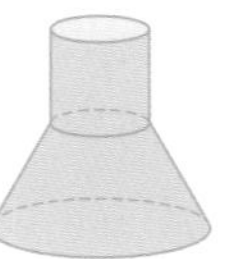

2 [답]

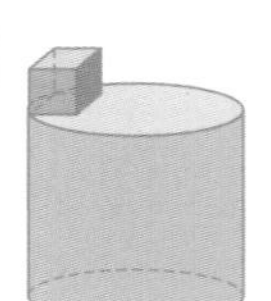

유형 07-2 투명 정육면체 쌓기 p.64~p.65

1 색칠된 정육면체는 위에 1개, 아래에 2개 있으므로 모두 1+2=3(개)입니다.

[답] 3개

2 [답] 앞

3

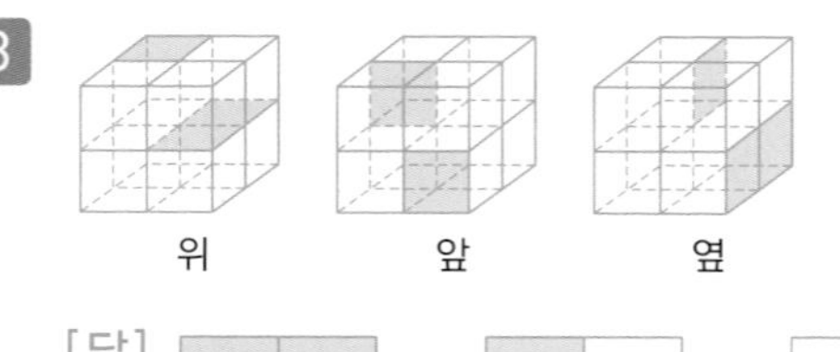

[답]

위

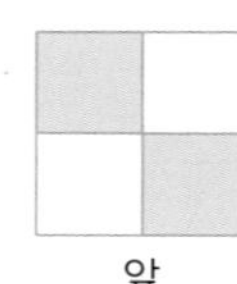
앞

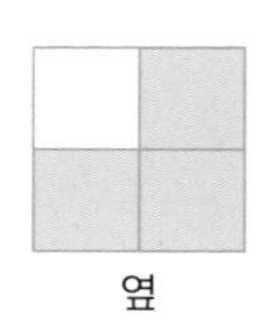
옆

확인문제

1 [답]

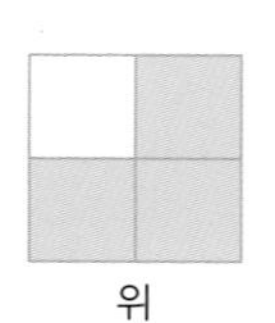
위

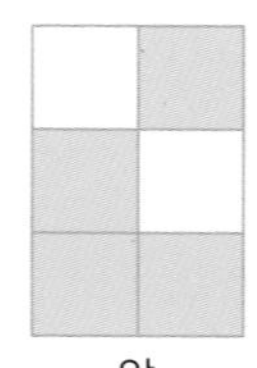
앞

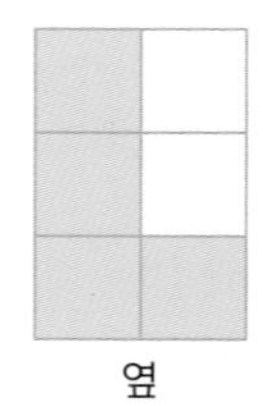
옆

2 [답]

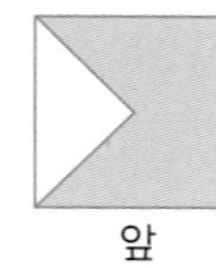
앞

오른쪽 옆

창의사고력 다지기 p.66~p.67

1 ③은 어느 방향에서 보아도 나올 수 없는 모양입니다.

[답] ③

2 [답]

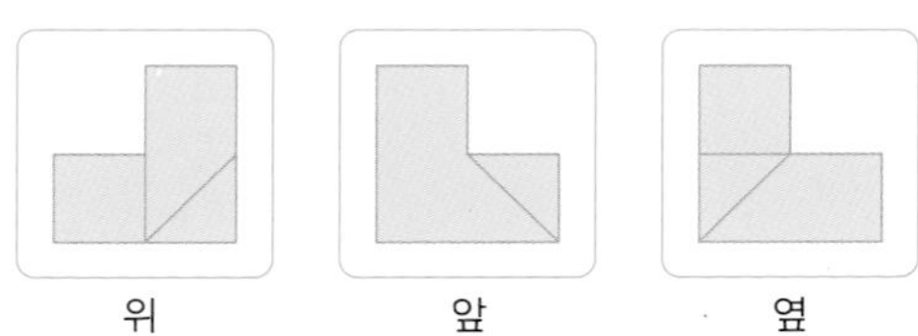

3 다음과 같은 자리에 두 개가 더 들어가면 됩니다.

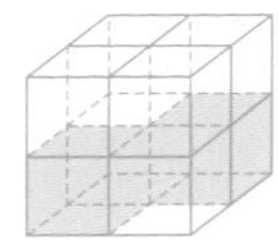

[답] 2개

4 위에서 본 모양을 보면, × 위치에 빨간색 정육면체가 없음을 알 수 있습니다.
오른쪽 옆에서 본 모양을 보고, ○ 위치에 빨간색 정육면체가 없음을 알 수 있습니다.

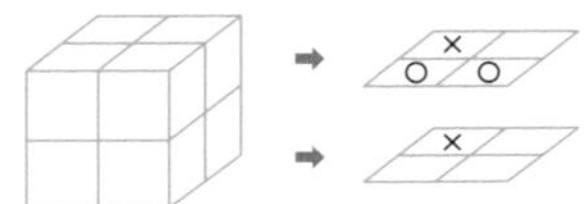

따라서 빨간색 정육면체의 최소 개수는 다음과 같이 4개입니다.

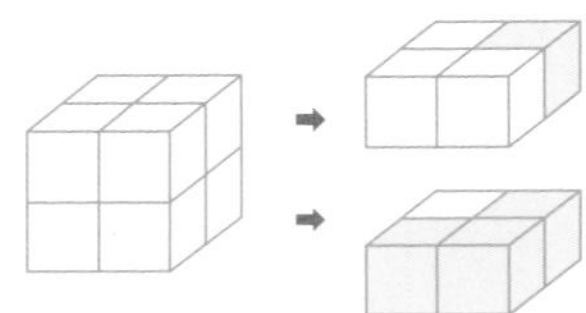

[답] 4개

08 입체도형 p.68~p.69

예제 [답] ① 1 ② 2 ③ 1, 2, 7 ④ 7, 칠각뿔

유제 밑면이 오각형이므로 오각뿔입니다. 오각뿔의 면의 수는 $5+1=6$, 꼭짓점의 수는 $5+1=6$, 모서리의 수는 $5\times2=10$이므로 $6+6+10=22$입니다.

[답] 22

예제 [답] ① 없습니다 ② 270°, 324°, 있습니다 ③ 240°, 300°, 있습니다 ④ 360°, 없습니다

유형 08-1 각뿔의 전개도 p.70~p.71

1 밑면이 사각형, 옆면이 삼각형이므로 사각뿔입니다.

[답] 사각뿔

2 [답] 7, 7

3 $(44-7\times4)\div2=8$(cm)이므로 밑면은 가로, 세로의 합이 8cm인 직사각형입니다.

[답] 16cm

4 직사각형의 둘레의 길이가 일정할 때 넓이가 최대가 되는 것은 정사각형일 때입니다.

[답] 정사각형

5 둘레의 길이가 16cm인 정사각형의 한 변의 길이는 4cm이므로 넓이는 $4\times4=16$(cm^2)입니다.

[답] 16cm^2

확인문제

1 밑면이 정사각형, 옆면이 이등변삼각형인 입체도형은 사각뿔이고 이 도형은 한 변의 길이가 3cm인 정사각형 1개와 높이 6cm, 밑변 3cm인 이등변삼각형 4개로 이루어져 있습니다.

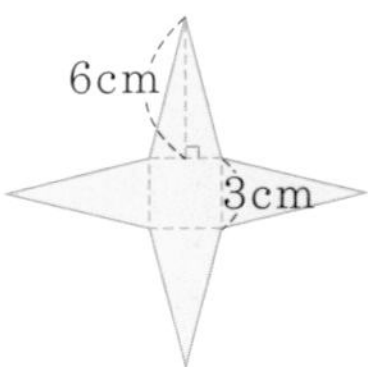

➡ $3\times3+(6\times3\div2)\times4=45$(cm^2)

[답] 사각뿔, 45cm^2

2 전개도를 접어서 만든 입체도형은 팔각기둥입니다.

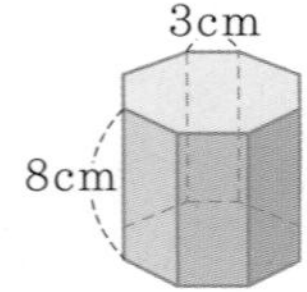

➡ (3×8)×2+8×8=112(cm)

[답] 112cm

유형 08-2 쌍대다면체 p.72~p.73

1 [답]

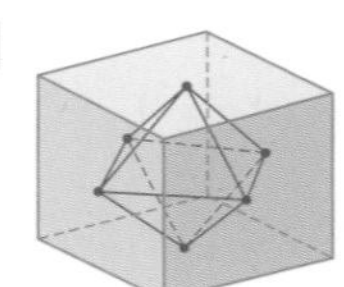

2 [답] 정팔면체

3 [답]

	면(개)	꼭짓점(개)	모서리(개)
정육면체	6	8	12
㉮	8	6	12

4 [답] 정팔면체, 꼭짓점

1 정사면체의 쌍대다면체는 정사면체입니다.

[답] 정사면체

2 면의 중심에 찍은 점을 연결하면 정육면체가 생깁니다. 정육면체의 면은 6개, 꼭짓점은 8개이므로 합은 14입니다.

[답] 14

창의사고력 다지기 p.74~p.75

1 아래에 있는 입체도형은 각뿔대이고 각뿔대의 밑면의 변의 수를 ■라고 했을 때, 꼭짓점의 수는 ■×2입니다. 그러므로 이 입체도형은 십삼각뿔대이고, 위에 잘려진 입체도형은 십삼각뿔입니다.

십삼각뿔대의 면의 수는 15, 십삼각뿔의 면의 수는 14이므로 합은 14+15=29입니다.

[답] 29

2 ㉠은 각기둥이고, ㉡은 각뿔입니다. ■각기둥의 모서리의 수는 ■×3이고, ▲각뿔의 모서리의 수는 ▲×2입니다. 각기둥의 모서리는 3의 배수이고, 각뿔의 모서리는 2의 배수입니다. 3의 배수이면서 2의 배수인 수는 6의 배수입니다. 모서리의 수가 6의 배수가 되게 표를 그려 보면 다음과 같습니다.

모서리의 수(개)	6	12	18	24	…
각기둥의 밑면의 변의 수(개)	불가능	4	6	8	…
각기둥의 꼭짓점의 수(개)	불가능	8	12	16	…
각뿔의 밑면의 변의 수(개)	3	6	9	12	…
각뿔의 꼭짓점의 수(개)	4	7	10	13	…
각기둥과 각뿔의 꼭짓점의 차	–	1	2	3	…

따라서 ㉠은 밑면이 사각형이므로 사각기둥이고, ㉡은 밑면이 육각형이므로 육각뿔입니다.

[답] ㉠ 사각기둥 ㉡ 육각뿔

3 [답] 입체도형은 한 꼭짓점에 면이 3개 이상 모여야 만들 수 있습니다. 정삼각형의 한 각의 크기는 60°이므로 한 꼭짓점에 3개, 4개, 5개 모이면 각각 180°, 240°, 300°가 되어 입체도형을 만들 수 있습니다.
그러나 6개 이상이 되면 360° 이상이 되어 입체도형을 만들 수 없습니다. 따라서 면의 모양이 정삼각형인 정다면체는 정사면체, 정팔면체, 정이십면체 3가지만 존재합니다.

4

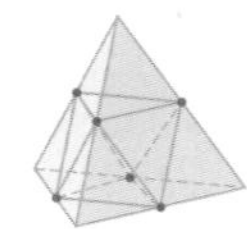 ➡ 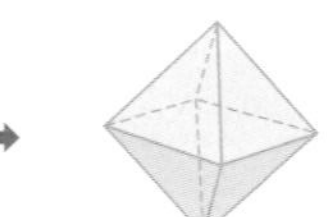

[답] 정팔면체

09 잘린 입체도형 p.76~p.77

예제 [답] ① 삼각형 ② 사각형 ③ 오각형 ④ 5

유제 네 모서리의 한가운데를 연결하면 정사각형 모양이 됩니다.

[답] 예

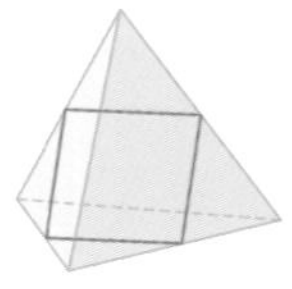

예제 [답] ② 오각형 ③ 32, 5, 90, 4, 60
④ 12, 32 ⑤ 12, 20 ⑥ 60, 90

유형 09-1 잘린 입체도형의 전개도 p.78~p.79

1 각 꼭짓점을 잘라낸 단면은 정삼각형입니다.

[답] 정삼각형, 정육각형 4개, 정삼각형 4개

2 [답]

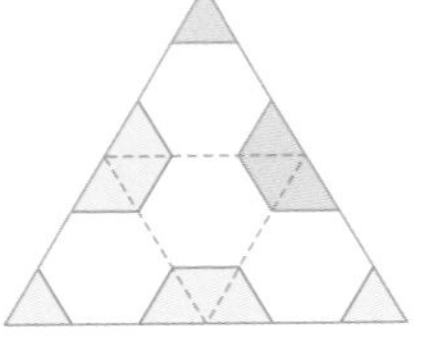

3 [답]

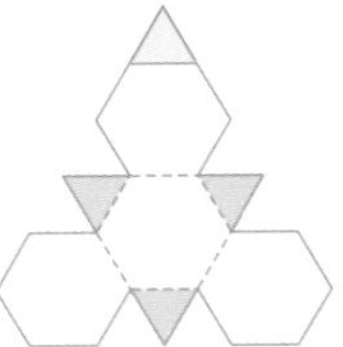

확인문제

1 윗쪽은 삼각뿔, 아랫쪽은 삼각뿔대의 전개도를 그립니다.

[답]

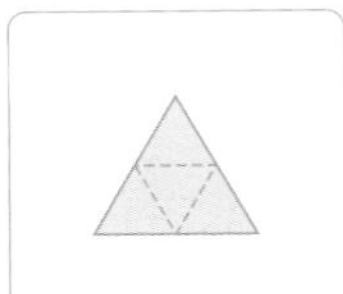

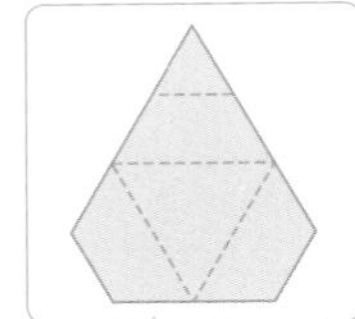

2 [답]

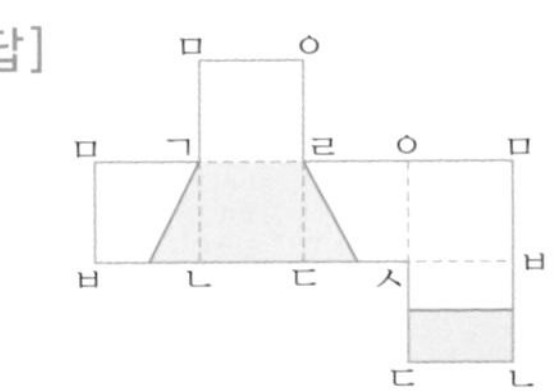

유형 09-2 면, 모서리, 꼭짓점의 수 p.80~p.81

1 [답] 면 : 6개, 모서리 : 12개, 꼭짓점 : 8개

2 [답] 모서리는 3개, 꼭짓점은 2개 늘어납니다.

3 면 : 6+1=7(개), 모서리 : 12+3=15(개),
꼭짓점 : 8+2=10(개)

[답] 면 : 7개, 모서리 : 15개, 꼭짓점 : 10개

4 [답] 면은 1개 늘어나고, 꼭짓점은 1개 줄어듭니다.

5 면 : 6+1=7(개), 모서리 : 12개
꼭짓점 : 8−1=7(개)

[답] 면 : 7개, 모서리 : 12개, 꼭짓점 : 7개

확인문제

1 삼각기둥은 면이 5개, 모서리가 9개, 꼭짓점이 6개이고, 잘라낸 입체도형은 면이 1개, 모서리가 3개, 꼭짓점이 2개 늘어납니다.

[답] 면 : 6개, 모서리 : 12개, 꼭짓점 : 8개

2 잘라진 윗부분은 오각뿔, 아랫부분은 오각뿔대입니다. 오각뿔은 면이 6개, 모서리가 10개, 꼭짓점이 6개이고, 오각뿔대는 면이 7개, 모서리가 15개, 꼭짓점이 10개입니다.

[답] 면의 수의 합 : 13개, 모서리의 수의 합 : 25개,
꼭짓점의 수의 합 : 16개

창의사고력 다지기 p.82~p.83

1 예

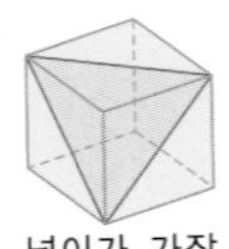

넓이가 가장 큰 정삼각형

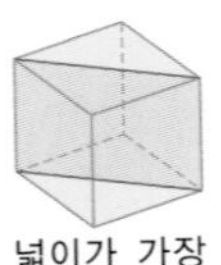

넓이가 가장 큰 직사각형

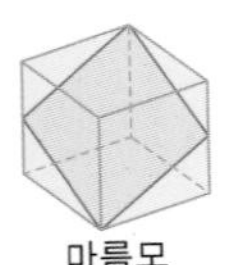

마름모

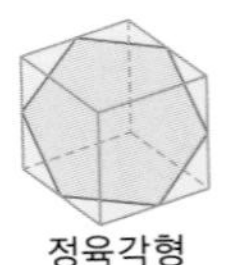

정육각형

[답] 풀이 참조

2 ㉠ 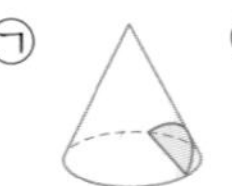 ㉡  ㉣ 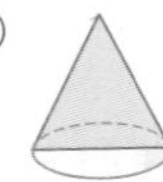

[답] ㉠, ㉡, ㉣

3 잘라서 만들어진 두 입체도형은 같은 모양이므로 한 쪽의 모서리만 세어서 2배하면 됩니다.
따라서 잘려진 입체도형 한 개의 모서리는 15개이므로 합은 $15\times2=30$(개)입니다.

[답] 30개

4 정팔면체의 8개 면이 잘려서 정육각형이 되고, 꼭짓점이 잘린 자리에 정사각형 모양의 면 6개가 생깁니다. 모서리 12개는 짧아질 뿐 없어지는 것은 없고, 꼭짓점을 하나 자르는 데 모서리가 4개씩 생기므로 $6\times4=24$(개)의 모서리가 생겨 총 $12+24=36$(개)입니다. 꼭짓점을 하나 자르면 그 자리에 꼭짓점이 4개씩 생기므로 모두 $6\times4=24$(개)입니다.
따라서 면은 14개, 모서리는 36개, 꼭짓점은 24개입니다.

[답] 면 : 14개, 모서리 : 36개, 꼭짓점 : 24개

Ⅳ 규칙과 문제해결력

10 진법 p.86~p.87

예제 [답] ① 2, 2, 10, 빵 ② 4, 2, 4, 2, 6, 6
③ 16, 4, 1, 16, 4, 1, 21, 21

유제 상품명 : 8+1=9, 제조월 : 4+1=5,
제조일 : 4+2+1=7

[답] 상품명 : 쨈, 제조월일 : 5월 7일

예제 [답] 2, 3, 4, 9, +, 3, −, +, 9, 1, +, 9, 3, 1

1g	1	6g	9−3	11g	9+3−1
2g	3−1	7g	9−3+1	12g	9+3
3g	3	8g	9−1	13g	9+3+1
4g	1+3	9g	9		
5g	9−3−1	10g	9+1		

유형 10-1 도형이 나타내는 수 p.88~p.89

1 [답] 1, 1, 3, 3, 9, 9

2 [답] 5, 15

3 [답] 1, 9, 9, 20

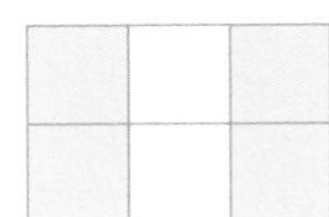

확인문제

1 아래 칸의 주판알 1개는 1을 나타내고, 위 칸의 주판알 1개는 5를 나타냅니다.
따라서 531−264=267입니다.

[답] 267

2 각 칸이 나타내는 수는 다음과 같습니다.

64	16	4	1
64	16	4	1
64	16	4	1

따라서 도형이 나타내는 수를 이용하여 식을 만들어 보면,

36+□=65이므로 □=29입니다.
29=16+4+4+4+1이므로 아래 칸에서부터 16을 1칸, 4를 3칸, 1을 1칸 색칠합니다.

[답] 

유형 10-2 규칙 찾아 계산하기 p.90~p.91

1 [답] 5

2 각 자리 숫자를 더해서 5가 되면 받아올림을 하므로 오진법 덧셈식입니다.

$$\begin{array}{r} \overset{1}{2}\,0\,4 \\ +\ 3\,2\,1 \\ \hline 1\,0\,3\,0 \end{array}$$

[답] 1030

3 |보기|는 오진법의 계산식이므로 5씩 받아내려서 계산합니다.

$$\begin{array}{r} 4\,\overset{1}{\not2}\,\overset{5}{2} \\ -\ 3\,1\,3 \\ \hline 1\,0\,4 \end{array}$$

[답] 104

확인문제

1 각 자리의 숫자가 6이 되었을 때 받아올림합니다.

(1)
$$\begin{array}{r} \overset{1}{3}\ \ 2 \\ +\ \ 2\ \ \boxed{5} \\ \hline 1\ \ 0\ \ 1 \end{array}$$

(2)
$$\begin{array}{r} \boxed{4}\ \ \overset{1}{0}\ \ \overset{1}{3}\ \ 1\ \ \boxed{2} \\ +\ \ 3\ \ \boxed{1}\ \ 4\ \ 4\ \ 4 \\ \hline 4\ \ 3\ \ 5\ \ 0\ \ 0 \end{array}$$

[답] (1) 5 (2) 4, 2, 1

2 외계인의 계산이 올바르게 되려면 다음과 같이 1을 받아내림하면 6이 되어야 합니다.

$$\begin{array}{r} \overset{6}{\not1}\,\overset{6}{\not1}\,1 \\ -\ \ 3\,3 \\ \hline 3\,4 \end{array}$$

즉, 이 외계인은 6진법을 사용하고 있음을 알 수 있습니다.

[답] 6개

창의사고력 다지기 p.92~p.93

1 |보기|에서 ━은 0을, ╍은 1을 나타냅니다. 따라서 건(☰)은 000을 나타냅니다.

[답] 000

2 3개의 추로 1g에서 13g까지의 무게를 1g 단위로 빠짐없이 재기 위해서는 1g, 3g, 9g의 세 조각이 필요합니다.

[답] 1g, 3g, 9g

3 검은색 바둑돌의 위치에 따라 오른쪽에서부터 각각 1, 2, 4, 8, 16을 나타냅니다. 각 자리의 검은색 바둑돌이 2개가 되면 그 다음 위치로 검은색 바둑돌 1개를 받아올림합니다.

[답] ○●○●○

4 A 행성은 각 자리의 숫자가 4가 되면 1을 받아올림하고, B 행성은 각 자리의 숫자가 6이 되면 1을 받아올림합니다. 따라서 두 행성의 계산 방법을 이용하면 A 행성은 3301, B 행성은 3035가 됩니다.

A 행성

$$\begin{array}{r} {}^{1\,1\,1}\\ 2\,3\,1\,2 \\ +\quad 3\,2\,3 \\ \hline 3\,3\,0\,1 \end{array}$$

B 행성

$$\begin{array}{r} {}^{1}\quad\quad\\ 2\,3\,1\,2 \\ +\quad 3\,2\,3 \\ \hline 3\,0\,3\,5 \end{array}$$

[답] A 행성 : 3301, B 행성 : 3035

II 피보나치 수열 p.94~p.95

예제 [답] ① 피보나치 ② ●+10, ●, ●+5, ●+10
③ ●+10, ●+10, 4 ④ 4, 9, 14

예제 [답] ① 2, 3, 5

②

시간	토끼의 쌍의 수
현재	1
1달 후	1
2달 후	2
3달 후	3
4달 후	5
5달 후	8
6달 후	13

③ 피보나치, 8, 13, 21

유형 11-1 계단 오르기 p.96~p.97

1 [답]

셋째 번	(1, 1, 1), (2, 1), (1, 2)	3

2 [답] ②, ③

3 넷째 번 계단을 올라가는 방법은 둘째 번 계단에서 2칸 오르거나 셋째 번 계단에서 1칸 오르면 됩니다.
따라서 (둘째 번 계단을 올라가는 방법의 가짓수)
+(셋째 번 계단을 올라가는 방법의 가짓수)
=2+3=5(가지)입니다.

[답] 5가지

4 3+5=8(가지)

[답] 8가지

5 13+21=34(가지)

[답] 34가지

확인문제

1 셋째 번 칸까지 오르는 방법은 첫째 번 칸에서 2칸 오르거나 둘째 번 칸에서 1칸 오르면 됩니다. 이와 같은 방법으로 열째 번 칸까지 오르는 방법은 여덟째 번 칸에서 2칸 오르거나 아홉째 번 칸에서 1칸 오르면 되므로 이를 차례로 나열해 보면 1, 2, 3, 5, 8, 13, 21, 34, 55, 89입니다.
따라서 10칸짜리 사다리 끝까지 올라가는 방법은 모두 89가지입니다.

[답] 89가지

2 2번 방으로 가는 방법 : 1가지
3번 방으로 가는 방법 : 2가지
4번 방으로 가는 방법 : 2번 방에서 곧바로 4번 방으로 가는 방법 1가지와 3번 방에서 4번 방으로 가는 방법 2가지를 합하면 3가지
5번 방으로 가는 방법 : 3번 방에서 곧바로 5번 방으로 가는 방법 2가지와 4번 방에서 5번 방으로 가는 방법 3가지를 합하면 5가지
이와 같은 방법으로 다음 방으로 이동하는 가짓수는 피보나치 수열을 이룹니다.
따라서 1, 2, 3, 5, 8, 13이므로 1번 방에서 7번 방으로 이동하는 방법은 13가지입니다.

[답] 13가지

유형 11-2 미생물의 증식 p.98~p.99

1

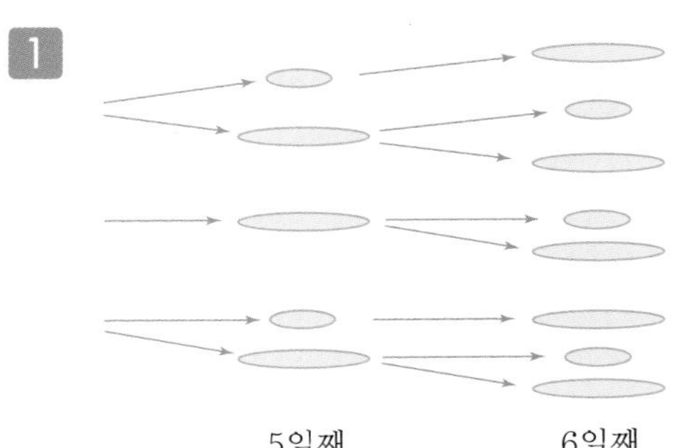

[답] 풀이 참조

2 [답]

시간(일)	1	2	3	4	5	6
미생물의 수	1	1	2	3	5	8

3 [답] 5, 8, 13, 21, 34

4 21+34=55(마리)

[답] 55마리

확인문제

1 그림을 그려 다음과 같이 나타낼 수 있습니다.

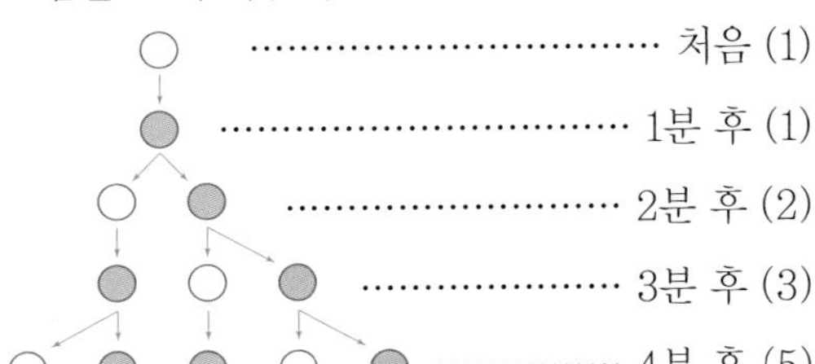

따라서 처음, 1분 후, 2분 후, …의 세균의 수는 1, 1, 2, 3, 5, 8, 13, 21, 34로 피보나치 수열을 이룹니다.
따라서 8분 후에 통 안에 있는 세균은 34마리입니다.

[답] 34마리

2 새롭게 그려지는 정사각형의 한 변의 길이를 수열로 나타내면 다음과 같이 앞의 두 항을 더하여 그 다음 항을 이루는 피보나치 수열을 이룹니다.

2, 2, 4, 6, 10, 16, 26, 42, 68, …

따라서 9째 번에 그려지는 정사각형의 한 변의 길이는 68cm입니다.

[답] 68cm

창의사고력 다지기 p.100~p.101

1 이 수열은 앞의 항에서 뒤의 항을 빼면 그 다음 항이 되는 거꾸로 피보나치 수열입니다.
따라서 □ 안에 알맞은 수는 21−13=8입니다.

[답] 8

2 셋째 번 칸까지 타일을 깔 수 있는 방법은 첫째 번 칸까지 타일을 깐 후 ▭▭ 을 깔거나 둘째 번 칸까지 타일을 깐 후 ▭ 을 깔면 됩니다. 이와 같은 방법으로 하면 여덟째 번 칸까지 타일을 깔 수 있는 방법은 여섯째 번 칸까지 타일을 깐 후 ▭▭ 을 깔거나 일곱째 번 칸까지 타일을 깐 후 ▭ 을 깔면 됩니다. 이와 같은 방법으로 바닥을 꾸밀 수 있는 가짓수를 나열하면 1, 2, 3, 5, 8, 13, 21, 34의 피보나치 수열이 됩니다.
따라서 1×8 직사각형 모양의 바닥을 꾸밀 수 있는 방법은 34가지입니다.

[답] 34가지

3 |보기|의 수열은 피보나치 수열이므로 1 다음 수를 ●이라고 하면, 그 다음 수는 1+●입니다. 7은 앞의 두 수의 합이므로 7=●+1+●, ●=3입니다. 따라서 앞의 두 수의 합은 그 다음 수라는 규칙을 이용하면 구하는 수는 차례로 3, 4, 11, 18입니다.

[답] 3, 4, 11, 18

4 영민이가 받은 바둑돌의 개수는 다음과 같이 피보나치 수열을 이룹니다.

단계	1	2	3	4	5	6	7	8	9	10
개수	1	1	2	3	5	8	13	21	34	55

[답] 55개

12 하노이 탑과 파스칼의 삼각형 p.102~p.103

예제 [답] 3

예제 [답] ① 1, 합　② 1, 4, 5

5, 10, 10, 5; 6, 15, 20, 15, 6; 7, 21, 35, 35, 21, 7

유제 9째 번 줄 : 1, 8, 28, 56, 70, 56, 28, 8, 1

10째 번 줄 : 1, 9, 36, 84, 126, 126, 84, 36, 9, 1

[답] 풀이 참조

유형 12-1 하노이 탑 p.104~p.105

1 [답] 3

2 [답] 2, 1, 2; 2, 1, 2; 3, 1, 3, 7

3

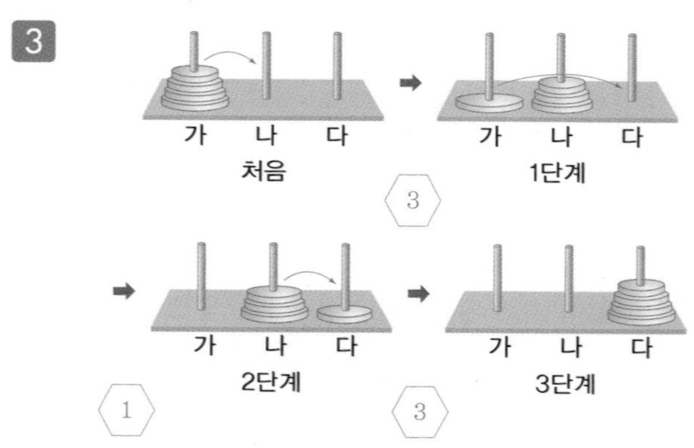

[답] 풀이 참조 3, 1, 3; 3, 1, 3; 7, 1, 7, 15

확인문제

1 5개의 원판을 옮기는 최소 이동 횟수 ⟨5⟩는 ⟨4⟩ + ⟨1⟩ + ⟨4⟩와 같으므로 15+1+15=31(번)입니다.

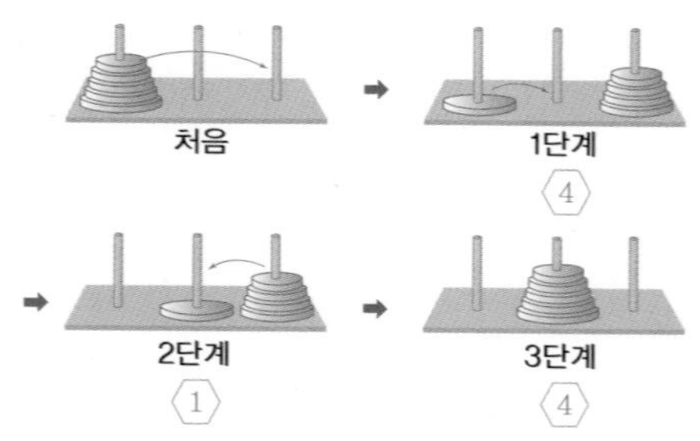

[답] 31번

2

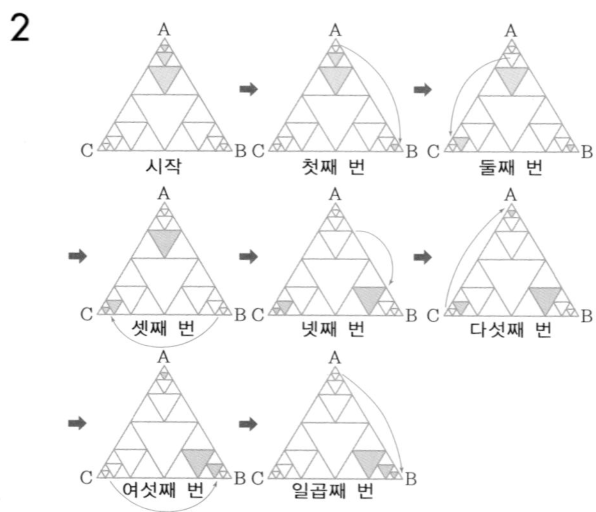

[답] 7번

유형 12-2 파스칼의 삼각형 p.106~p.107

1 4행 : 1+3+3+1=8

5행 : 1+4+6+4+1=16

[답] 4행 : 8, 5행 : 16

2

행	1	2	3	4	5	6
합	1	2	4	8	16	32

[답] 풀이 참조, 합이 2배씩 늘어납니다.

3 6행의 합이 32이므로 7행의 합은 32×2=64입니다.

[답] 64

확인문제

1 8행의 합은 7행의 합의 2배이므로 64×2=128입니다. 파스칼의 삼각형에서 각 행의 수들은 좌우대칭을 이루므로 □ 안의 두 수는 같은 수입니다.

128−(1+7+21)×2=70 ➡ 70÷2=35

[답] 35, 35

2 앞의 두 수를 더한 수를 나열한 피보나치 수열입니다.

[답] 13, 21, 34, 55

창의사고력 다지기 p.108~p.109

1

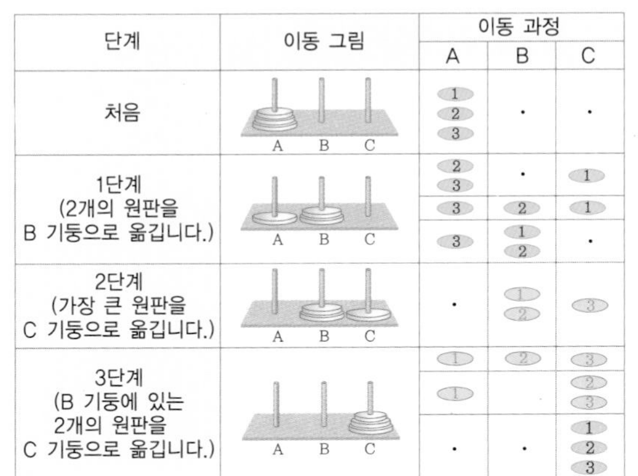

단계	이동 그림	이동 과정		
		A	B	C
처음		1, 2, 3	·	·
1단계 (2개의 원판을 B 기둥으로 옮깁니다.)		2, 3	·	1
		3	2	1
		3	1, 2	·
2단계 (가장 큰 원판을 C 기둥으로 옮깁니다.)		·	1, 2	3
3단계 (B 기둥에 있는 2개의 원판을 C 기둥으로 옮깁니다.)		1	2	3
		1		2, 3
		·	·	1, 2, 3

[답] 7번

2

1 → 3 → 7 → 15 → 31 → 63 → 127

($1 \times 2+1$, $3 \times 2+1$, $7 \times 2+1$, $15 \times 2+1$, $31 \times 2+1$, $63 \times 2+1$)

앞의 수의 2배보다 1 큰 수이므로 원판 7개의 최소 이동 횟수는 127회입니다.

[답] 127회

3 바로 위 두 수의 차를 나열한 규칙입니다.

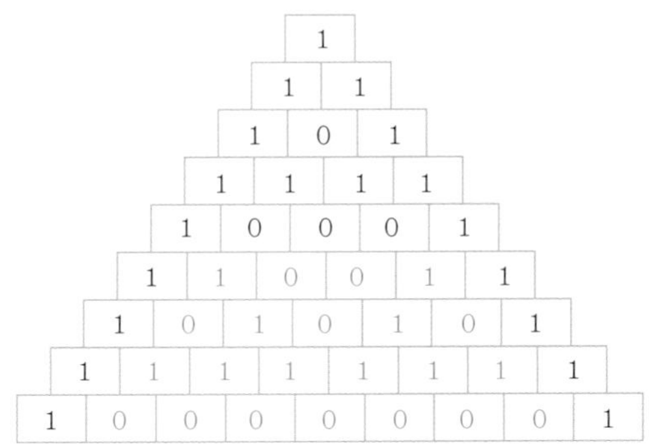

[답] 풀이 참조

4 갈림길에서 반씩 나누어지는 규칙으로 구해 보면
A=4, B=4+12=16, C=12+12=24,
D=12+4=16, E=4입니다.

[답] A : 4마리, B : 16마리, C : 24마리, D : 16마리, E : 4마리

V 측정

13 원의 둘레와 넓이 p.112~p.113

예제 [답] ① 10, 5 ② 10, 10, 71.4
③ 5, 5, 78.5

유제 오른쪽 그림의 굵은 곡선 부분의 길이는 $4\times3.14+10\times3.14\div2$ =28.26(cm)이고, 굵은 직선의길이는 10cm입니다.
따라서 둘레의 길이는
28.26+10=38.26(cm)입니다.
넓이는 오른쪽 그림과 같이 작은 반원을 왼쪽으로 옮기면 반지름이 5cm인 반원의 넓이입니다.

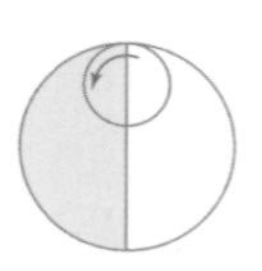

따라서 넓이는 $5\times5\times3.14\div2$=39.25(cm^2)입니다.
[답] 둘레 : 38.26cm, 넓이 : 39.25cm^2

예제 [답] ② 20 ③ 3.14, 6.28
④ 20, 6.28, 26.28

유제

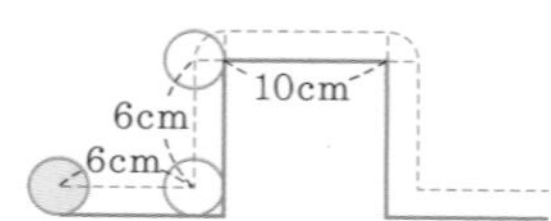

곡선으로 움직인 길이는 지름이 8cm인 원의 둘레의 $\frac{1}{2}$입니다.
➡ 34+12.56=46.56(cm)
[답] 46.56cm

유형 13-1 늘어나는 원의 둘레 p.114~p.115

1 다음 그림과 같이 전깃줄로 만든 원의 지름이 4m 더 깁니다.

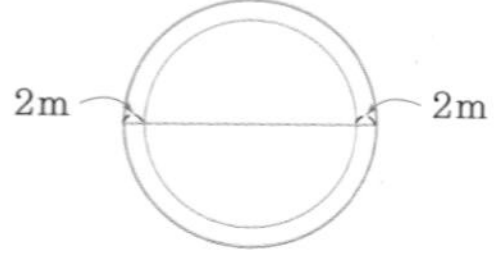

[답] 4m

2 지구의 지름이 ■이므로 둘레의 길이는 ■$\times$3.14이고, 전깃줄로 만든 원의 지름은 ■+4이므로 이 원의 둘레의 길이는 (■+4)$\times$3.14입니다.
[답] 지구의 둘레의 길이 : ■$\times$3.14
전깃줄의 길이 : (■+4)$\times$3.14

3 (전깃줄의 길이)=(■+4)$\times$3.14
=■$\times$3.14+4$\times$3.14
=■$\times$3.14+12.56
(지구 둘레의 길이)=■$\times$3.14
[답] 12.56m

4 처음 씨름장의 지름을 ■라고 하면 늘인 씨름장의 지름은 (■+1)m입니다.
(처음 씨름장의 둘레의 길이)=■$\times$3.14
(늘인 씨름장의 둘레의 길이)=(■+1)$\times$3.14
따라서 둘레의 길이의 차는 3.14m입니다.
[답] 3.14m

확인문제

1 500원짜리 동전의 중심이 움직이는 원의 지름은 2.6+2.2=4.8(cm)입니다.
따라서 움직인 거리는 $4.8\times3.14\times10$=150.72(cm)입니다.
[답] 150.72cm

2 그림에서 안쪽과 바깥쪽의 직선 구간의 길이는 같습니다.
곡선 구간은 바깥쪽의 원의 지름이 안쪽의 원의 지름보다 4m 길기 때문에 4×3.14=12.56(m) 더 깁니다.
따라서 바깥쪽의 길이는 400+12.56=412.56(m)입니다.
[답] 412.56m

유형 13-2 풀을 뜯을 수 있는 범위 p.116~p.117

1 큰 원의 반지름의 길이는 소의 끈의 길이와 같습니다.

[답] ㉠ 5m ㉡ $\frac{3}{4}$

2 파란색 부분의 반지름은 끈의 길이에서 울타리의 가로를 뺀 길이입니다.

[답] ㉢ 1m ㉣ $\frac{1}{4}$

3 노란색 부분의 반지름은 끈의 길이에서 울타리의 세로를 뺀 길이입니다.

[답] ㉤ 2m ㉥ $\frac{1}{4}$

4 $(5\times5\times3.14)\times\frac{3}{4}+(1\times1\times3.14)\times\frac{1}{4}$

$+(2\times2\times3.14)\times\frac{1}{4}=62.8(\text{m}^2)$

[답] 62.8m^2

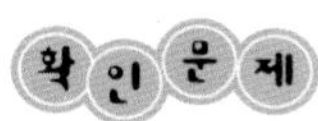

1

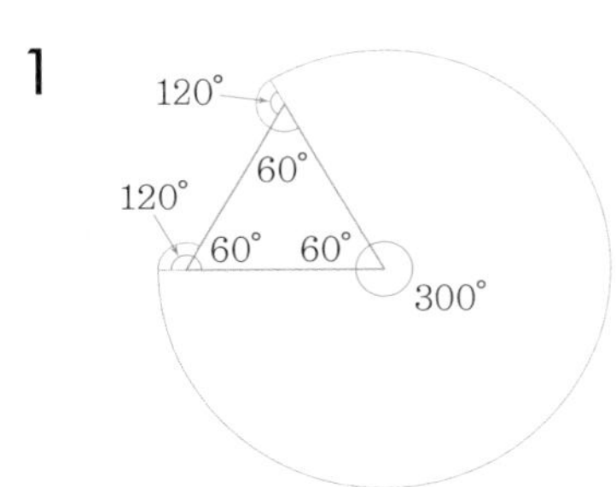

$6\times6\times3.14\times\frac{5}{6}+1\times1\times3.14\times\frac{2}{3}=94.2+2.09\cdots$

$=96.29\cdots$

$=96.3(\text{m}^2)$

[답] 96.3m^2

2

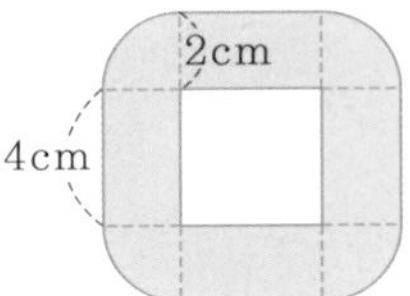

(직사각형 4개의 넓이)$=4\times2\times4=32(\text{cm}^2)$

($\frac{1}{4}$원 4개의 넓이)$=2\times2\times3.14=12.56(\text{cm}^2)$

➡ $32+12.56=44.56(\text{cm}^2)$

[답] 44.56cm^2

창의사고력 다지기 p.118~p.119

1 안쪽의 작은 정사각형을 다음과 같이 돌려 봅니다.

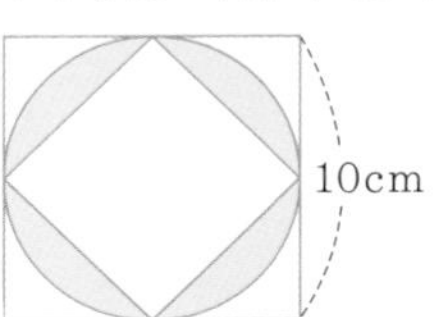

$5\times5\times3.14-10\times10\times\frac{1}{2}=78.5-50=28.5(\text{cm}^2)$

[답] 28.5cm^2

2 [답] 모두 같이 도착합니다.

왜냐 하면 큰 원의 지름을 ■라고 할 때, ■를 셋으로 나누어 ■=▲+●+★이 되는 ▲, ●, ★을 작은 원의 지름이라고 하면

▲$\times3.14\times\frac{1}{2}+$●$\times3.14\times\frac{1}{2}+$★$\times3.14\times\frac{1}{2}$

=(▲+●+★)$\times3.14\times\frac{1}{2}$이 되므로

■$\times3.14\times\frac{1}{2}$과 값이 같습니다. ■를 여러 개로 나누어도 마찬가지입니다.

3

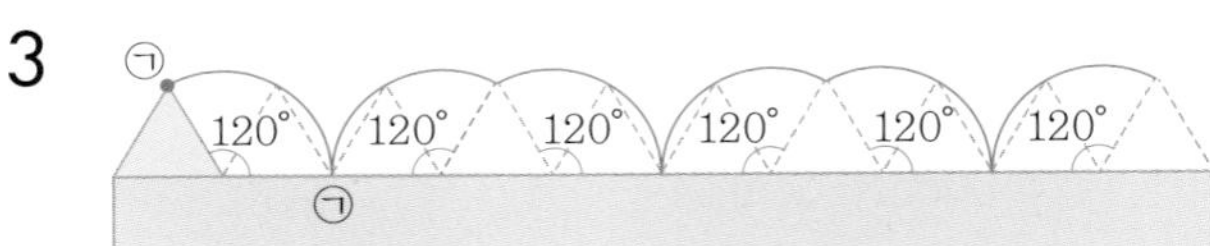

그림에서 ㉠은 반지름이 10cm인 원의 둘레의 두 배만큼 움직입니다.

따라서 움직인 거리는 $20\times3.14\times2=125.6$(cm)입니다.

[답] 125.6cm

4 ㉡ 동전의 중심이 움직인 거리를 동전의 둘레의 길이로 나눈만큼 회전합니다.

100원짜리 동전의 지름을 □라고 하면,

㉡ 동전의 중심이 움직인 거리는

$(2\times\square)\times3.14=2\times(\square\times3.14)$입니다.

㉡ 동전의 둘레의 길이는 $(\square\times3.14)$입니다.

따라서 ㉡ 동전은 $\frac{2\times(\square\times3.14)}{(\square\times3.14)}=2$(바퀴) 돌게 됩니다.

[답] 2바퀴

14 샘 로이드 퍼즐 p.120~p.121

예제 [답] ③ 2

예제

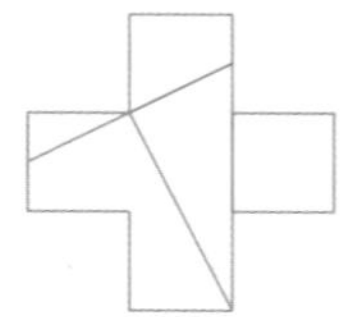

[답] 풀이 참조

유제 [답]

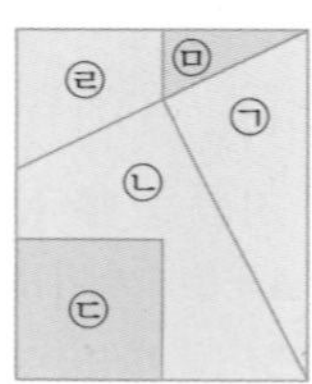

유형 14-1 계단 모양으로 자르기 p.122~p.123

1 (넓이)=9×4=36(cm^2)
넓이가 36cm^2인 정사각형의 한 변의 길이는 6cm입니다.

[답] 36cm^2, 6cm

2 한 변의 길이가 6cm이므로 가로는 3cm 줄이고, 세로는 2cm 늘여야 합니다.

[답] 풀이 참조

3 가로 : 3등분, 세로 : 2등분

[답]

4

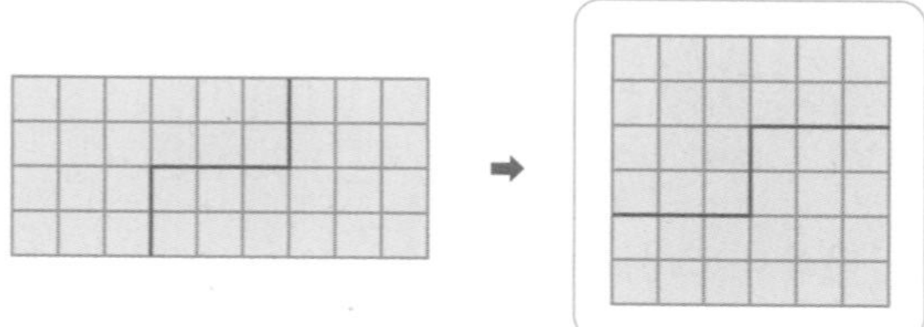

[답] 풀이 참조

1

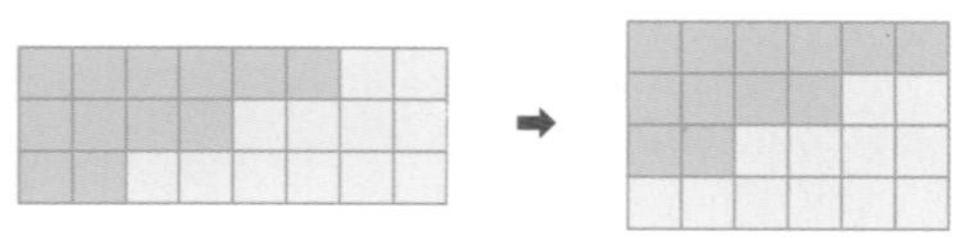

[답] 풀이 참조

2 한 변의 길이가 6cm인 정사각형을 만들어야 하므로 가로는 3cm가 줄어들고, 세로는 2cm가 늘어나야 합니다. 가로를 3cm로 나누면 3등분, 세로를 2cm로 나누면 2등분됩니다.
따라서 그림과 같이 직사각형을 나눈 후 자르는 선을 찾을 수 있습니다.

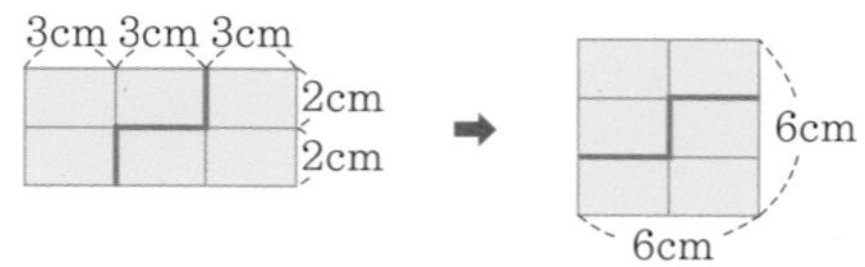

[답]

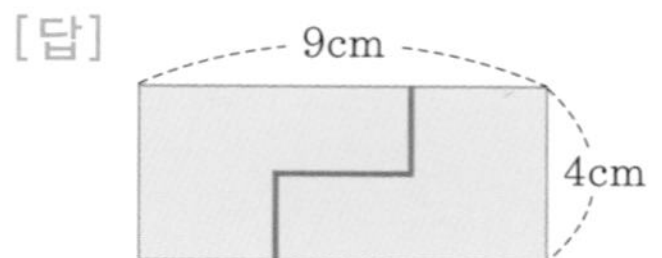

유형 14-2 펜토미노 도형 퍼즐 p.124~p.125

1 [답]

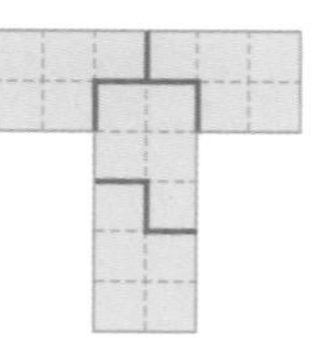

2 [답]

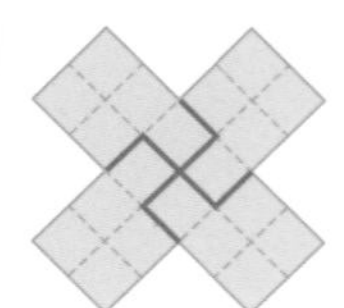

3 [답]

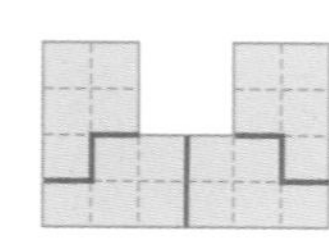

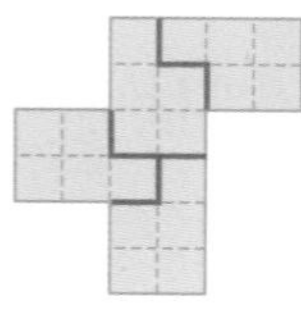

1 [답]

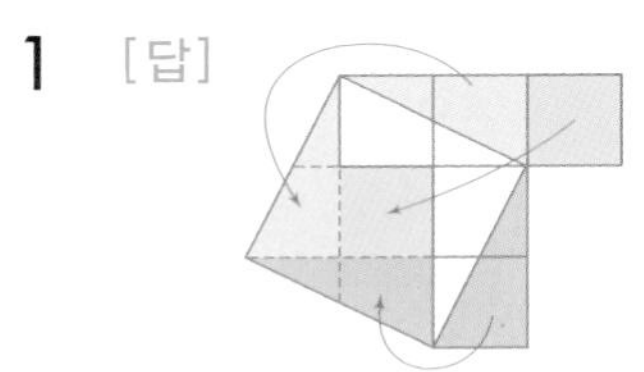

2

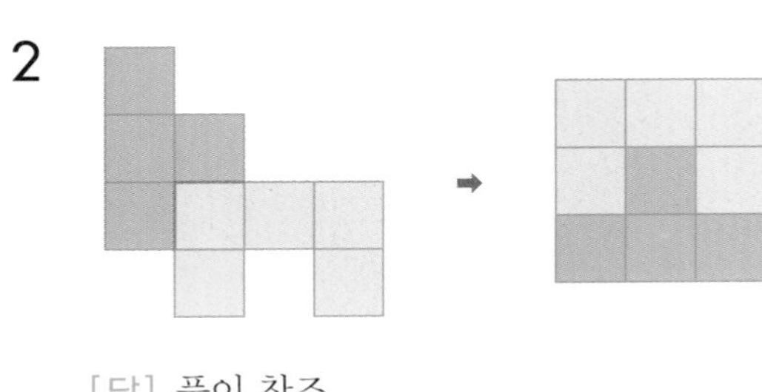

[답] 풀이 참조

창의사고력 다지기 p.126~p.127

1 [답]

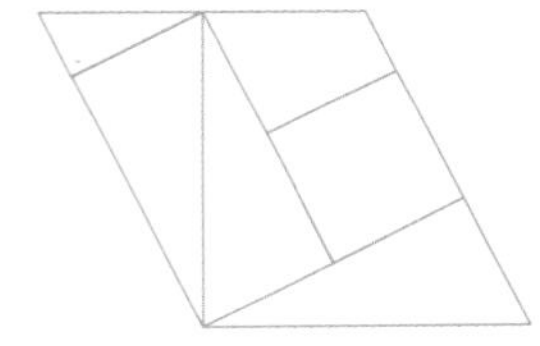

2 직사각형의 넓이는 $25 \times 16 = 400(cm^2)$입니다.
따라서 만드는 정사각형의 한 변의 길이는 20cm입니다.
[답]

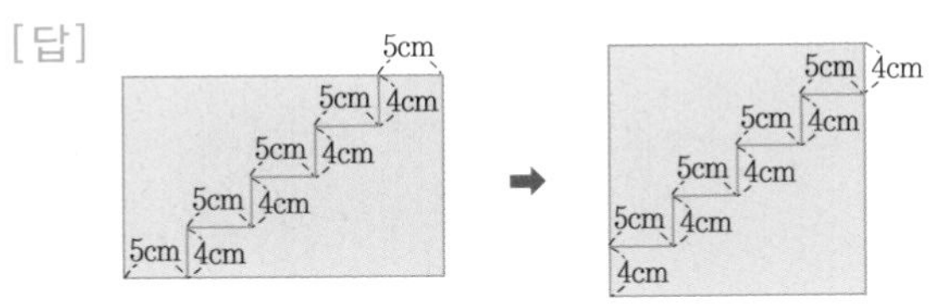

3 U펜토미노 위에 정사각형을 그려서 4조각으로 자를 수 있는 것을 찾으면 됩니다.
[답]

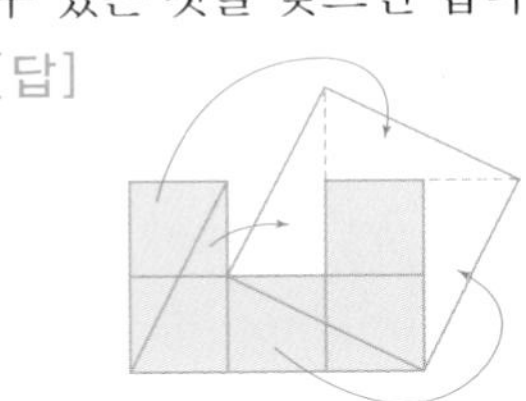

이외에 여러가지 방법이 있습니다.

4 넓이의 합이 $81cm^2$이므로 한 변의 길이가 9cm인 정사각형을 만들어야 합니다. 다음과 같이 3조각으로 잘라 붙여 정사각형 모양을 만들 수 있습니다.

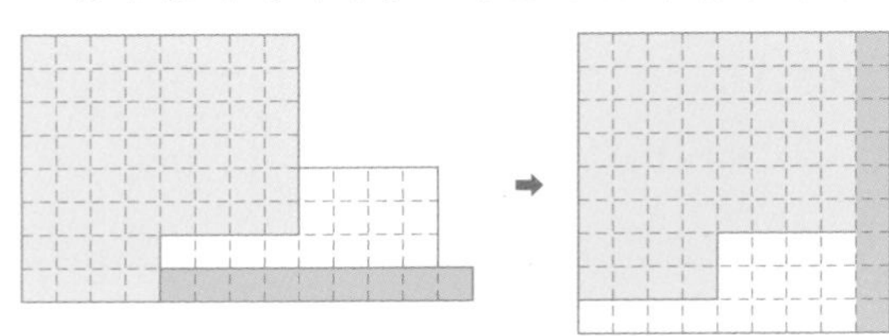

[답] 풀이 참조

15 시계와 각 p.128~p.129

예제 [답] ① 90° ② 17.5°
③ 90°, 17.5°, 72.5°

유제 시침이 숫자 6, 분침이 숫자 8을 가리킨다고 할 때 두 바늘이 이루는 작은 각의 크기는 60°입니다.
시침이 40분 동안 움직인 각은 20°이므로 두 바늘이 이루는 작은 각의 크기는 60°−20°=40°입니다.
[답] 40°

예제 [답] ① 11 ② 11, $65\frac{5}{11}$ ③ $65\frac{5}{11}$, 7, $5\frac{5}{11}$

유제 시침과 분침이 겹쳐지는 간격은
$720 \div 11 = 65\frac{5}{11}$(분)으로 일정합니다.
12시에 두 바늘이 겹친 다음에 1시와 2시 사이, 2시와 3시 사이, … 에 겹치게 됩니다.
따라서 12시+$65\frac{5}{11}$분+$65\frac{5}{11}$분=2시 $10\frac{10}{11}$분입니다.
[답] 2시 $10\frac{10}{11}$분

해답

유형 15-1 시침과 분침의 위치로 시각 알기 p.130~p.131

1 $360° \div 12 = 30°$

[답] 30°

2 $30° + 80° = 110°$

[답] 110°

3 $5.5° \times \square = 110°$, $\square = 20$(분)

[답] 20분

4 [답] 1시 20분

확인문제

1 분침은 1분에 6°씩 움직이므로, 210°를 움직이려면 $210 \div 6 = 35$(분)이 걸립니다.
시침은 1분에 0.5°씩 움직이므로, 35분 동안에 $35 \times 0.5 = 17.5°$ 움직입니다.
이 때 시각은 5시 10분+35분=5시 45분입니다.

[답] 시각 : 5시 45분
시침이 움직인 각도 : 17.5°

2 1시에서 사건이 일어난 시각까지 분침은 시침보다 150° 더 많이 움직였습니다. 분침은 시침보다 1분에 5.5° 더 많이 움직이므로, 분침이 150°를 더 움직일 때까지 걸린 시간은 $150 \div 5.5 = 27\frac{3}{11}$(분)입니다.

따라서 사건이 일어날 시각은 1시 $27\frac{3}{11}$분입니다.

[답] 1시 $27\frac{3}{11}$분

유형 15-2 특수한 시계 p.132~p.133

1 시계의 시침은 9시간 동안 360°를 움직이므로 각 숫자 사이의 각도는 $360° \div 9 = 40°$입니다.
따라서 숫자 8과 1 사이의 각도는 $40° \times 2 = 80°$입니다.

[답] 80°

2 시침은 1시간(45분)동안 40°를 움직이므로 5분 동안에는 $\frac{40}{45} \times 5 = 4\frac{4}{9}°$ 움직입니다.

[답] $4\frac{4}{9}°$

3 $80° - 4\frac{4}{9}° = 75\frac{5}{9}°$

[답] $75\frac{5}{9}°$

확인문제

1 시계의 눈금 1칸의 각의 크기는 15°입니다.
시침이 1분 동안 움직이는 각도는 $15° \div 60 = 0.25°$이고, 분침이 1분 동안 움직이는 각도는 $360° \div 60 = 6°$입니다.
따라서 시침이 숫자 14, 분침이 숫자 6을 가리킨다고 할 때, 각도가 120°이고, 15분 동안 시침이 움직인 각도는 $15 \times 0.25° = 3.75°$이므로
$120° + 3.75° = 123.75°$입니다.
[답] 123.75°

2 9시간(405분) 동안 시침과 분침은 8번 겹쳐집니다.
시침과 분침이 겹쳐진 후 다시 겹쳐질 때까지 걸리는 시간은
405분÷8시간=$50\frac{5}{8}$분=1시간 $5\frac{5}{8}$분입니다.

[답] 1시 $5\frac{5}{8}$분

창의사고력 다지기

p.134~p.135

1 영화가 시작하는 시각이 5시 정각일 때 분침이 시침보다 150° 뒤에 있습니다.
영화 상영 시간이 10분보다 길기 때문에 영화가 끝나는 시각에 분침이 시침보다 110° 앞에 있습니다.
따라서 영화가 진행되는 동안에 분침은 시침보다 260° 더 많이 움직였습니다.
분침은 시침보다 1분에 5.5° 더 많이 움직이므로 영화 상영 시간은
$\square \times 5.5=260$, $\square=47\frac{3}{11}$(분)입니다.

[답] 5시 $47\frac{3}{11}$분

2 시침과 분침이 겹쳐진 후 다시 겹쳐질 때까지의 시간은 $720 \div 11=65\frac{5}{11}$(분)입니다.
1시와 2시 사이에 두 바늘이 겹쳐진 후 4시와 5시 사이에 두 바늘이 겹쳐질 때까지 3번 겹치게 됩니다.
따라서 $65\frac{5}{11} \times 3=196\frac{4}{11}$ ➡ 3시간 $16\frac{4}{11}$분입니다.

[답] 3시간 $16\frac{4}{11}$분

3 중심에서 보았을 때 정오각형의 각 꼭짓점 사이의 각도는 360° ÷5=72° 입니다.
시침은 12시를 기준으로 72° ×2=144°를 움직였으므로 4시(120°)와 5시(150°) 사이에 있습니다.
분침은 4시 정각일 때보다 72° ×4=288° 더 움직인 상태입니다.
분침은 1분에 6° 씩 움직이므로 288° ÷6° =48(분)입니다.
따라서 시각은 4시 48분입니다.

[답] 4시 48분

4 시침과 분침이 겹쳐질 때만 정확한 시각을 가리킵니다.
따라서 시침과 분침은 24시간 동안 22번 겹쳐지므로 22번입니다.

[답] 22번

Memo

Memo

Memo

팩토는 자유롭게 자신감있게 창의적으로
생각하는 주·니·어·수·학·자입니다.

Free **A**ctive **C**reative **T**hinking **O**. Junior mathtian

논리적 사고력과 창의적 문제해결력을 키워 주는

매스티안 교재 활용법!

대상	창의사고력 교재		연산 교재
	팩토슐레 시리즈	팩토 시리즈	원리 연산 소마셈
4~5세	 팩토슐레 Math Lv.1 (6권)		
5~6세	 팩토슐레 Math Lv.2 (6권)	 킨더팩토 A 킨더팩토 B 킨더팩토 C 킨더팩토 D	 소마셈 K시리즈 K1~K8
6~7세	 팩토슐레 Math Lv.3 (6권)		
7세~초1		 키즈 원리A , 탐구A 키즈 원리B , 탐구B 키즈 원리C , 탐구C	 소마셈 P시리즈 P1~P8
초1~2		 Lv.1 원리A, 탐구A Lv.1 원리B, 탐구B Lv.1 원리C, 탐구C	 소마셈 A시리즈 A1~A8
초2~3		 Lv.2 원리A, 탐구A Lv.2 원리B, 탐구B Lv.2 원리C, 탐구C	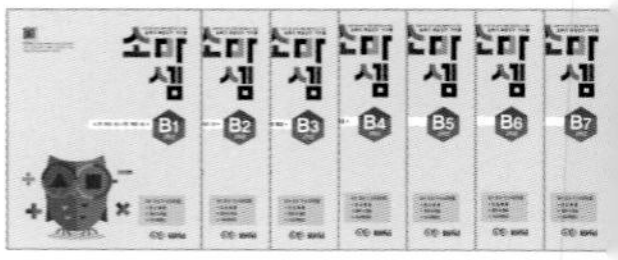 소마셈 B시리즈 B1~B8
초3~4		 Lv.3 원리A, 탐구A Lv.3 원리B, 탐구B Lv.3 원리C, 탐구C	 소마셈 C시리즈 C1~C8
초4~5		 Lv.4 기본A, 실전A Lv.4 기본B, 실전B	 소마셈 D시리즈 D1~D6
초5~6		 Lv.5 기본A, 실전A Lv.5 기본B, 실전B	
초6~		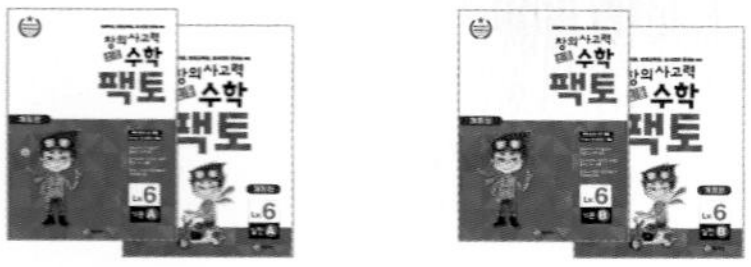 Lv.6 기본A, 실전A Lv.6 기본B, 실전B	